ニュートリノ

もっとも身近で、もっとも謎の物質

多田 将

イースト新書Q

Q017

JN170996

はじめに

去る2015年、梶田先生が、ノーベル物理学賞を受賞されました。受賞理由は、大気ニュートリノの研究によってニュートリノ振動が起こっていることを発見したことです。このニュースは日本でも大きく報道され、珍しく素粒子物理学の話題がトップニュースを飾ることになりました。

そのときに盛んに報道されたのが、「ニュートリノに質量があることがわかった」ということばかりで、それをテレビ等の解説委員の方々が説明するのに四苦八苦した挙句、しかし結局視聴者にはよく伝わらない、といういつもの結果に終わったのもよく憶えています。

この世紀の大発見に於いて、ニュートリノに質量があることは重要なことではあるのですが、それはむしろおまけであって、本質的なことは「あるニュートリノが時間と共に別のニュートリノに変化する」ということであり、この「素粒子の種類が時間と共に変わってしまう」ということの重要性を理解しなければ、視聴者に対して説明することなど、到底不可能です。

というようなことを、いつも御世話になっているイースト・プレスの編集者さんとの世間話の合間に御話ししていたところ、「だったら是非、その話を本にしましょう！」と言われ、ああ、余計なことを言わなければよかったなぁ、と後悔したものでした。

僕が生まれて初めて執筆した本は、同じイースト・プレスの同じ編集者さんによる『すごい実験』で、これはまさに僕が携わるニュートリノ実験について紹介する内容でした。このニュートリノ実験（T２K実験）は、梶田先生のグループによって道が開かれたニュートリノ振動の研究を、人工的につくったニュートリノを用いてより詳細に行うものです。その拙著は、主に実験装置に焦点を当てたものでしたが、今回まさに同じニュートリノをテーマとする本書を執筆するにあたり、そこではあまり触れられなかった、ニュートリノ振動現象そのもの、そしてその基盤となる素粒子物理学に焦点を当ててみました。この2冊で、互いに補完し合えるようになっています。ですから、『すごい実験』を既にお読みいただいた方々も、「また同じかよ～」と思わずに、是非また御手にしていただければ幸いであります。

それでは、この世で最も身近でありながら、最も謎が多い粒子でもある、ニュートリノの世界に、御案内致しましょう。

●目次

第2章　反物質

第3章 ニュートリノの検出

第4章 ニュートリノ振動

第1章

ニュートリノとは何か

壮大なニュートリノ実験

多田と申します。よろしくお願い致します。

僕は高エネルギー加速器研究機構という研究所に勤めているのですが、その本部と僕のオフィスは茨城県のつくば市にありますが、同じ茨城県内でそこから75㎞ほど離れた東海村にＪ《ジェイ》－ＰＡＲＣ《パーク》という実験施設があり、昼間は僕はそこに勤務しています。本日はその実験施設で行われている実験も紹介しつつ、本講演のテーマであるニュートリノという素粒子について、それがどのようなものなのか、お話しさせていただきたいと思います。

Ｊ－ＰＡＲＣは複数の実験を同時に行える複合施設ですが、そのうち、僕が携わっているニュートリノの実験は、Ｔ２Ｋという名前が付いています。

実験の概要を大雑把に申しますと、まず、Ｊ－ＰＡＲＣで、ニュートリノを人工的につくります。そのニュートリノを西へ３００㎞離れた岐阜県神岡町にあるスーパーカミオカンデというニュートリノの検出器に向けて撃ち込みます。東海村から神岡まで、Tokai to Kamioka、ということで、Ｔ２Ｋ実験という名前が付いています。非常にシンプルですよね。

図1　T2K実験とは?

スーパーカミオカンデ

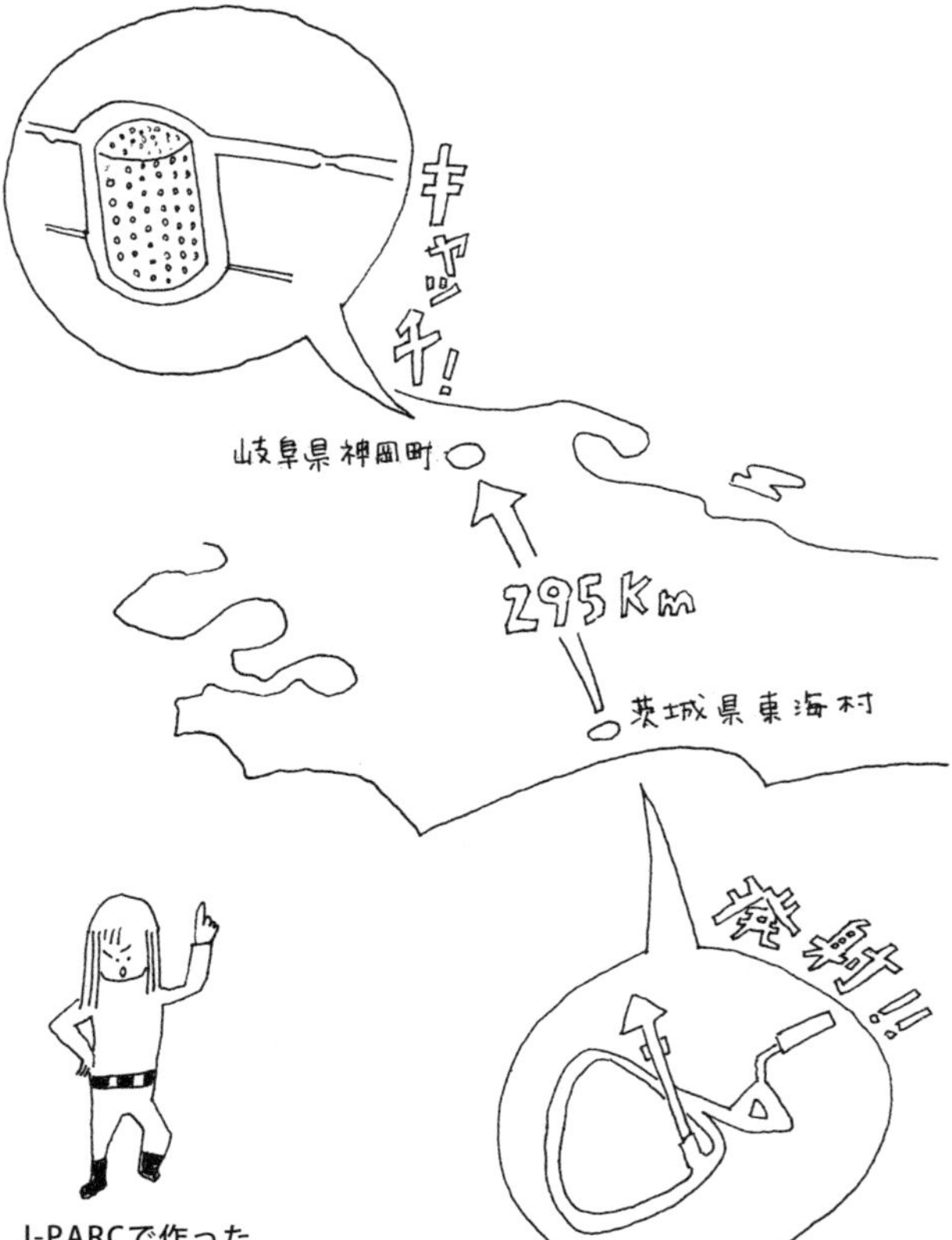

J-PARCで作った
ニュートリノのビームを、
295㎞離れたスーパーカミオカンデに撃ち込む！

ニュートリノは300㎞の距離を飛ぶ間に、ある変化を起こします。その変化の様子を調べることで、ニュートリノの性質を調べよう、という実験なのです。図1を御覧になるとおわかりのように、通常「実験」と聞いて思い浮かべるような、実験室の中に籠もって行うようなものではなく、言わば地球そのものを実験室にしたような、壮大な実験です。このようなことが可能なのは、後で詳しくお話しするような、ニュートリノがある極めて特殊な性質を持っているからです。

今回は、J－PARCについてはあまり触れませんが、素粒子のなかでもニュートリノの性質について少し詳しく説明しつつ、この「変化」がどういうものなのか、それがどういう意味を持つのか、ということについてお話しすることで、素粒子物理学とはどういう学問なのかを知っていただきたいと思います。

自然界の構造

まず最初に、素粒子とは何か、ニュートリノとは何か、ということからお話しします。

僕の所属を見ると、「高エネルギー加速器研究機構　素粒子原子核研究所」とありますよね。僕の専門は素粒子物理学なのですが、ここからして世間の方々から疎遠な分野であるらしく、初対面の方々には、まず「素粒子とは何なのか」ということから説明しなければならないことが多いのです。

自然科学は、様々な分野に分かれていますが、それを分類する方法のひとつに、「扱うものの大きさ」で分ける方法があります。そこでまず、この自然界を、大きさごとの階層で分解していきましょう。

宇宙から人間まで

自然界で最も大きなものは、宇宙です。人間が観測できる宇宙の大きさは、メーターで表わすと、1,000,000,000,000,000,000,000,000,000m。零が27個も付いています。想像もつかないほどの途方もない大きさです。

図2　宇宙から人間まで

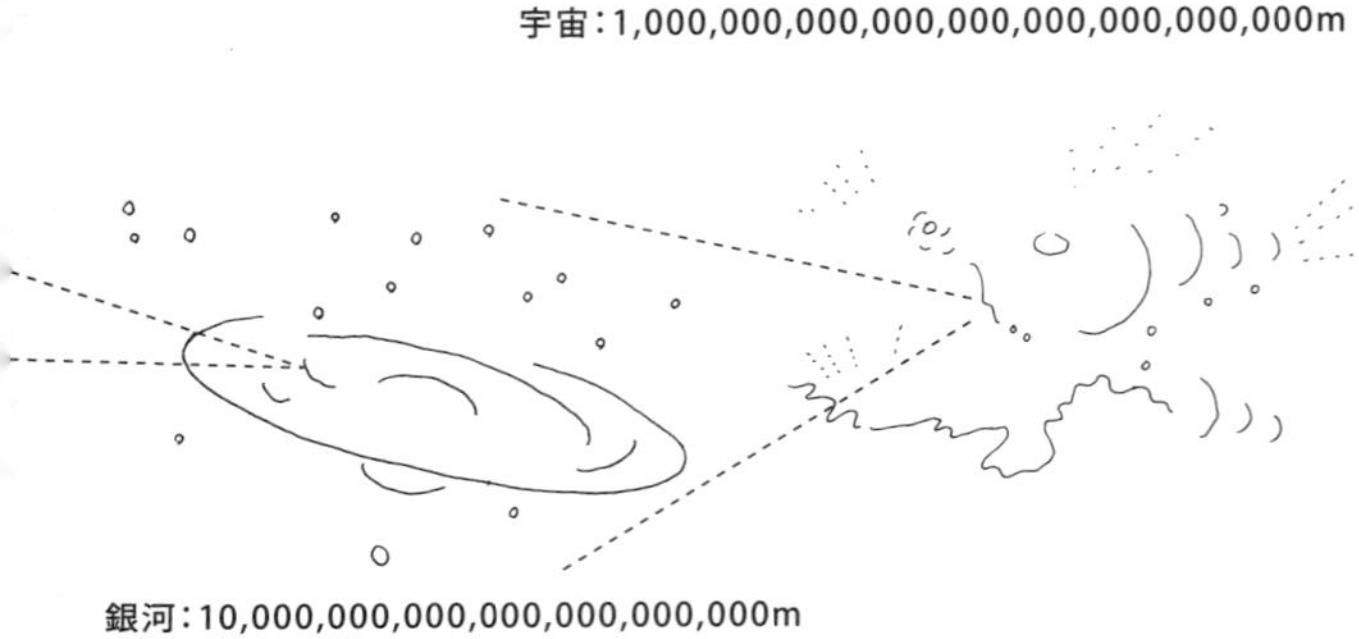

ではその宇宙はいったい何から出来ているのでしょうか。宇宙を、それを構成する要素に分解してみましょう。すると、宇宙は銀河と呼ばれるものから出来ています。この宇宙や銀河を扱う学問が、宇宙物理学です。

それでは、銀河は何で出来ているのかというと、我々が住んでいる太陽系のような、恒星系と呼ばれるものから構成されています。太陽のように自身の反応（核融合反応）で光り輝いている恒星を中心として、その周りに、惑星という自分自身では光ることができない星が回っているわけです。

恒星系をばらばらに分解すると、今お話ししたように、恒星や惑星といった個々の星々に分かれるわけです。我々が住んでいる地球もそ

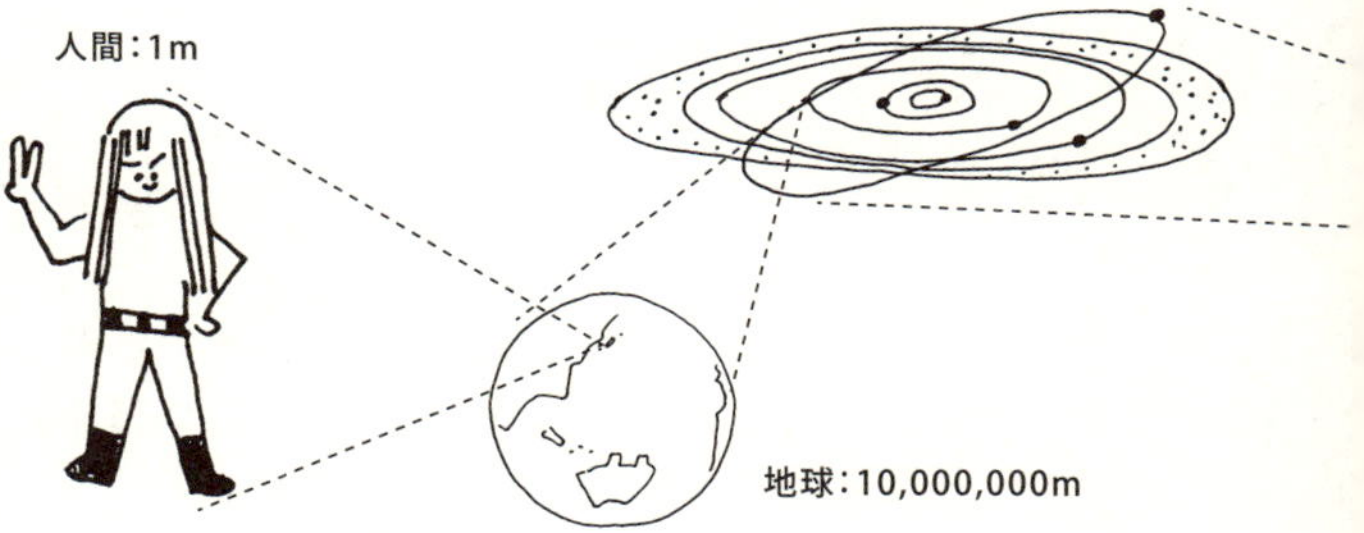

んな惑星のひとつですね。直径は10,000,000m。地球くらいになると随分零が少なくなってきますね。この太陽系の中の星々を扱う学問が惑星物理学です。特に地球を扱うのが地球物理学になります。

そしてその地球に、我々人類が存在しています。人間の大きさは1m程度です。

人間から原子まで

次に、人間が何から構成されているのか、人間をその階層ごとに分解していきましょう。

人間をばらばらにすると、内臓に分かれます。内臓は0.1mくらい。人間や内臓などを扱う学問が医学になります。

図3　人間から原子まで

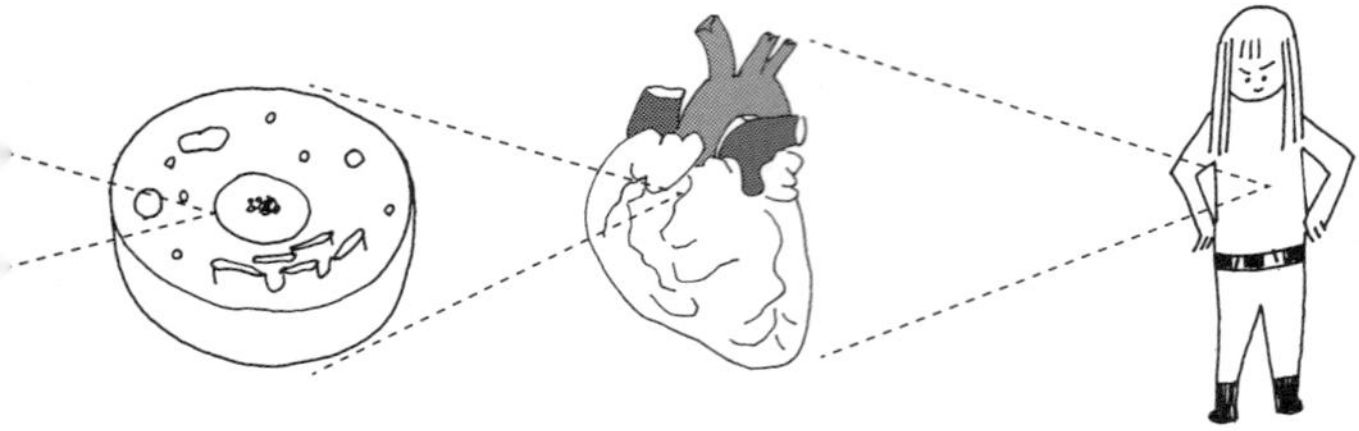

内臓は何で出来ているのかというと、細胞と呼ばれるものから出来ています。典型的な細胞の大きさは10万分の1m。肉眼では見ることができませんが、光学顕微鏡を使えば見ることができます。典型的な、と申しましたのは、細胞にはその種類によって様々な大きさがあるからです。皆さんの身体をつくっている体細胞は今お話しした大きさですが、肉眼で見える大きさの細胞もあります。例えば、卵の黄身ですね。あれで1個の細胞なのです。細胞くらいの大きさまでを扱う学問が生物学です。

では細胞は何から出来ているのかというと、分子と呼ばれるものから出来ています。分子の大きさまでを扱う学問が化学です。

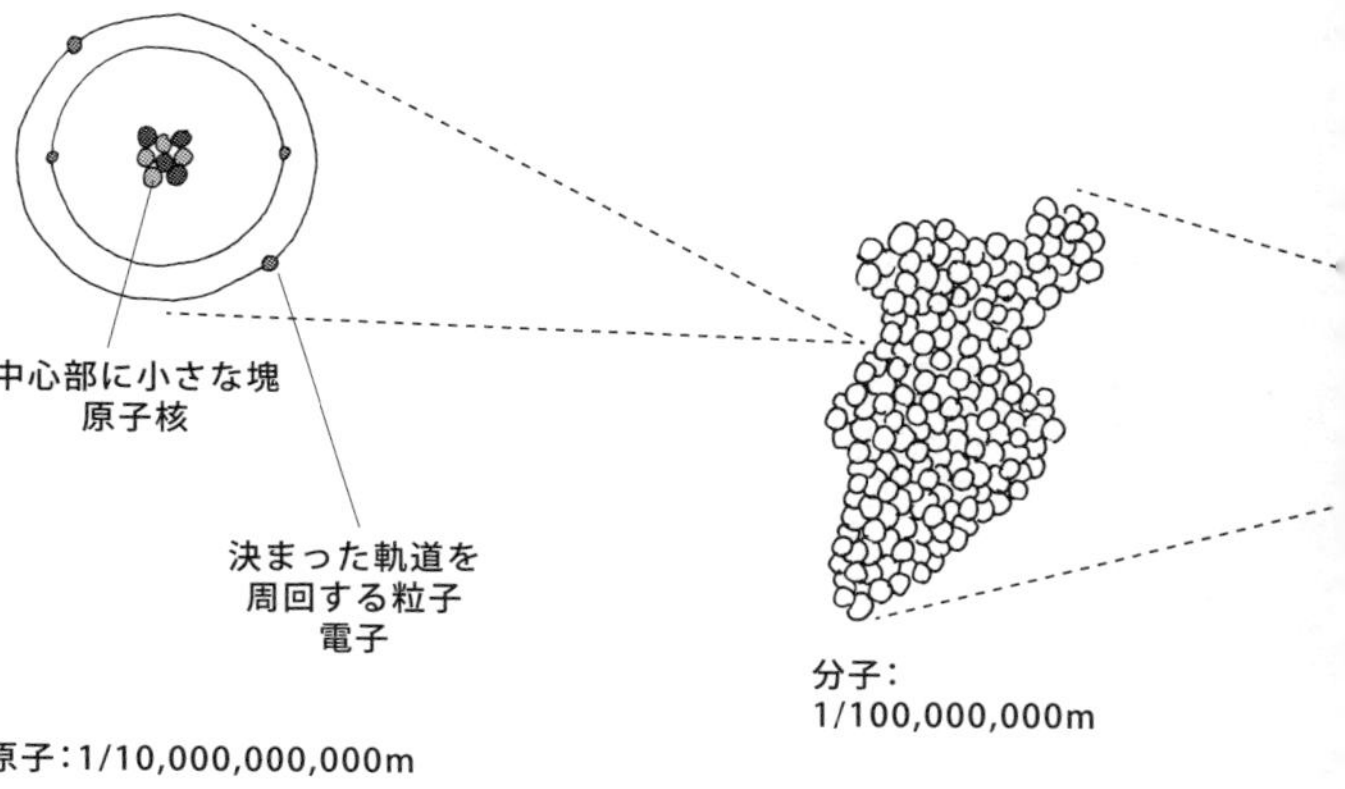

この分子を分解してみましょう。この図では明らかにたくさんの粒々が集まって出来ていますが、この粒々ひとつひとつが、原子と呼ばれるものです。原子の大きさは、100億分の1mです。可視光の波長の1000分の1程度ですので、これはもう光学顕微鏡を使っても見ることができません。「見る」ということは、探る道具（光学顕微鏡の場合は可視光）を対象物に当てることですので、対象物より大きな道具では、対象物に個別に当てることができない、つまり、「見る」ことができないのです。

原子の構造

ではその原子を分解して、中の構造を見ていきましょう。

「原子」という名前は、世の中のもの全ての元になっている、という意味で付けられています。世の物質は、様々な種類の原子の組み合わせで出来ており、新たな原子が生まれることも、原子が消滅することもない。実際、化学の世界では、これを基本単位として、化学反応が起きた場合でも、原子の組み合わせが変わるだけで、原子そのものは変化しないものとして扱います。ですから、昔の錬金術（例えば水銀から金を生み出すような）は、明らかな詐欺であるということになります。

これは19世紀末までは正しい認識でした。ところが19世紀末に、実はそれぞれの原子には中身がある、ということがわかりました。原子は、全ての元となる基本単位ではなかったのです。しかもその中身は、驚くべきことに、ほとんど空っぽだったのです！　まるで太陽系と同じように、中心に太陽に相当する核があり、その周りを惑星に相当するものが回っているような構造だということがわかったのです。この中心の太陽に相当するものを原子核、周りを回っている惑星に相当するものを電子と呼びます。

図4は模式図ですので見易いように大きめに描いていますが、実際の原子核の大きさは、

図4　原子の模式図

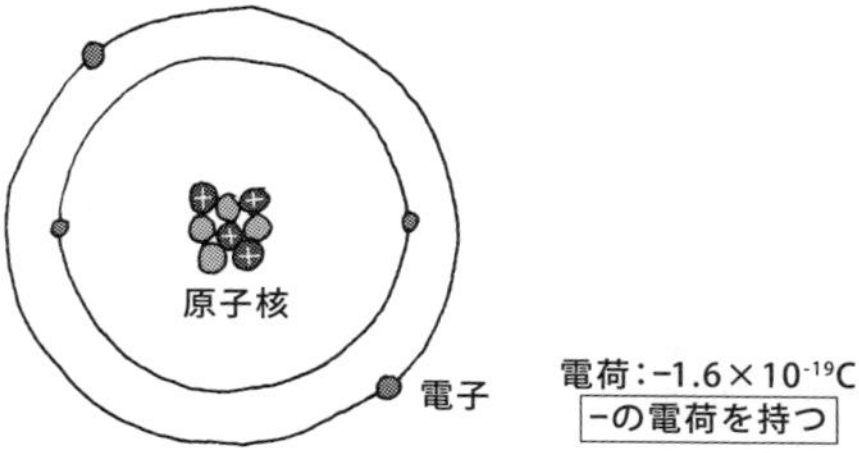

原子：1/10,000,000,000m

原子全体の10万分の1の大きさで、極めて小さなものなのです。例えばこの講演会場が、ひとつの原子だとしましょう。すると原子核の大きさは、会場の中央に置いたシャープペンシルの芯（の直径）よりも小さいのです。

そう思えば、原子というのは本当にすかすかですよね。ほとんど空洞だと言ってもいい。ところが、皆さんの身の回りのいろいろなもの——全て原子が集まって出来たものですが——を実際に触れてみてもおわかりのように、しっかり詰まっていて、全くすかすかではないですよね。御自分の身体や、服や、椅子などを触ってみてください。実に不思議なことに、原子の中身はすかすかなのに、原子が塊になって出来た身の回りのものは、しっかりと詰まっています。

なぜこのようなことが起きるのかというと、それは、まさにこの原子の構造にその秘密があるのです。

原子は、太陽系のように、原子核の周りを電子が回っている構造だとお話ししましたが、この電子が鍵なのです。電子は、単なる惑星ではなく、「電子」の名前の通り、電気（電荷）を持っています。－（マイナス）の電荷です。原子の種類によらず、全ての原子の外側が電子、即ち、－の電荷で覆われているのです。電荷は、同じ種類の電荷同士（この場合は－同士）では反発し合いますので、その反発する作用で、原子は形を保っているのです。

例えば、今、僕がこのようにiPhoneを持つことができるのは、僕の手の表面の原子を覆う電子と、このiPhoneの表面の原子を覆う電子が、電子同士で反発し合っているからです（図5）。もしこの反発し合う力がなければ、僕の手もiPhoneも本来はすかすかですので、僕はiPhoneを持つことができないのです。世の中の物質がこの形を保っているのは、実は、電子が持つ電気の力、電磁力のお蔭なのです。皆さんが中高生の頃に物理学の授業で力学を学んだ際、抗力や張力、応力、摩擦力など、様々な力が登場したことと思いますが、それらは、本《もと》を正せば、重力を除いて、全て電磁力だったのです。

図5　iPhoneをつかむということは？

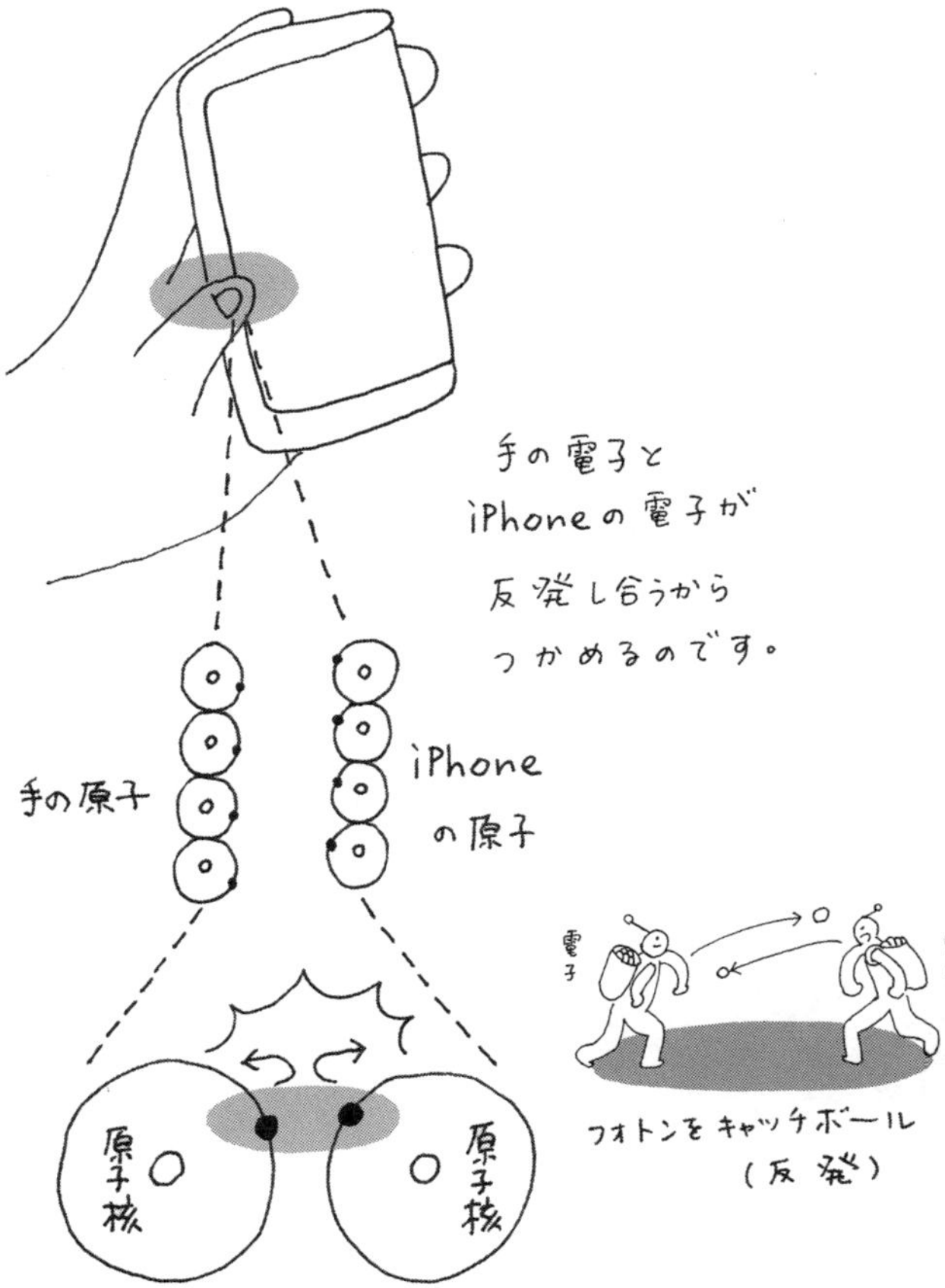

電荷と電場

少し横道に逸れますが、ここで、電荷というものについて少し考えてみましょう。

皆さんのTwitterのフォロワーには、いろいろな方々がおられるでしょう。職業や、趣味や、年齢や、そういった属性が様々である方々が多くおられると、その方々の興味の対象も多様性に富んでいることでしょう。そして、フォロワーの方々の興味の対象が様々であるだけに、皆さんの呟きに対する反応も、様々であるかと思います。例えば、政治のことを呟くと、AさんとBさんはいつもリツイートするけれども、おかしな画像を貼り付けると、AさんもBさんも無反応で、逆にCさんやDさんはファボる、といった具合に。ここでは、例として、猫の画像を貼り付けた場合について考えてみましょう。

可愛い猫の画像を貼り付けたとき、猫好きのフォロワーや、逆に猫嫌いのフォロワーは、猫画像に反応することでしょう（図6）。一方で、猫に興味のないフォロワーは、スルーすることでしょう。猫好き（あるいは猫嫌い）といった特性を、ここでは、「猫荷」と呼んでみましょう。このとき、猫荷を持つフォロワーたちに取っては、猫画像が貼り付けられたことによって、タイムラインが変化しましたが、猫荷を持たない（猫に興味がない）フォロワーたちに取っては、タイムラインに何も変化が起こっていないのと同じです。こ

図6　ジョジョに伝わる猫波

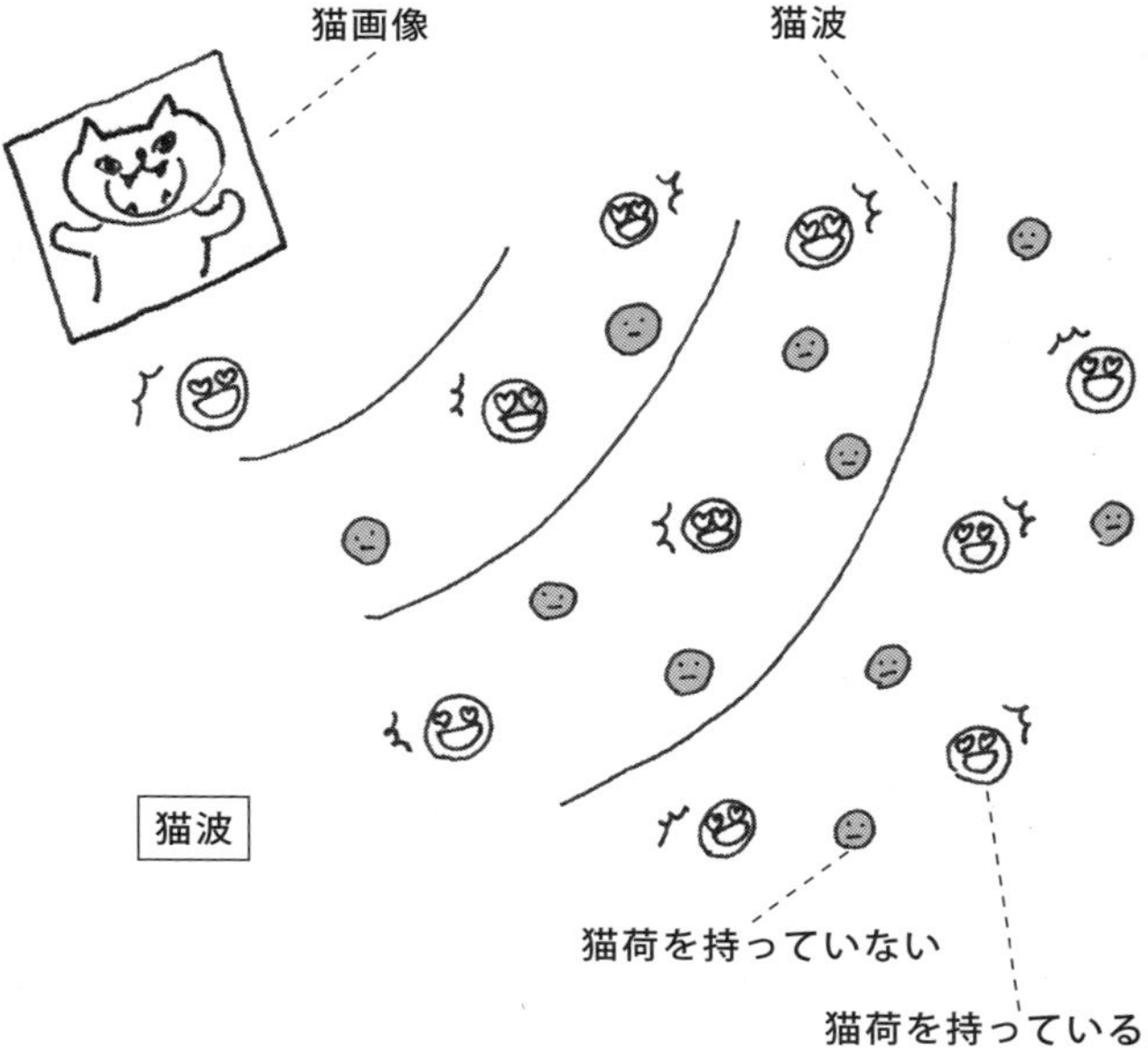

猫荷を持っている人だけ、
猫波に反応する！

の、ある特性（荷量）を持つ者だけに影響を与える空間（の変化）を、「場」と呼びます。ここでは、猫荷を持つ者、猫好き（あるいは猫嫌い）の者だけに影響を与える「猫場」が存在するわけです。一方で、猫に興味がない、つまり猫荷を持たない者に取っては、猫場など存在しないも同然です。

猫画像を貼り付けると猫荷を持つフォロワーが同時一斉に反応するかというと、必ずしもそうではありません。僕のつまらない呟きが多くの方々にリツイートされることは滅多にないのですが、ごくごく稀に、数千ものリツイートをいただくこともあります。そのときは、最初の呟きから随分日数が経ってからも、じわじわとリツイートされ続けたものでした。猫画像への反応も、時間をかけて拡散していくものであり、近い人（親しい人）から順に反応していき、やがて遠い人（親しくない人）へと伝わっていきます。猫画像を見て興奮する、という状態が、ジョジョに伝わっていくのです。状態の変化が伝わっていくのですから、これはまさに波です。この興奮の伝搬の様子を、「猫波」と呼びましょう。

無限に届く猫画像と友達間にしか届かない話題

これを電気の世界に置き換えると、猫荷が電荷であり、猫場が電場（あるいは電磁場）であり、猫波が電磁波にあたるのです。猫荷を持たない人にとって、猫画像が貼られようが貼られまいがタイムラインに変化がないように、電荷を持たないものにとって、近くに電荷があろうがなかろうが、あるいは電磁波が飛んでいようがいまいが、空間に変化などありませんが、電荷を持つものにとっては、空間は明らかに変化を来《きた》しており、それが電場の変化として捉えられるのです。

猫荷は、ここでは、「猫好き」と「猫嫌い」の2種類があります。電荷も＋（プラス）と－（マイナス）の2種類があり、「猫好き」と「猫嫌い」とで同じ猫画像に対する反応が真逆であるように、＋と－とでは、反応が真逆となります。

Twitterは世界に向けて発信していますから、場合によっては、世界中に拡散され、リプをもらうこともあります。どこまで拡散されるかは、その伝搬手段の到達能力次第です。猫の可愛さは世界共通ですから、猫波は国を越えて世界中に広がっていくことでしょうが、例えば友達同士で先日遊びに行ったときの話題などは、友達間でしか通じないので、影響を及ぼす範囲が狭い範囲に限られます。

電磁波は、猫波と同じく、無限遠まで到達する能力を持っています。ですから、その電磁波が伝える影響力、電磁力は、無限遠にまで影響を及ぼします。重力も同じく、無限遠にまで影響を及ぼします。一方で、限られた範囲にしか影響を及ぼせない力というものも存在します。これについては後程お話ししましょう。

ところで、猫波が伝搬するとは言え、実際にやり取りしているのは、猫画像そのものです。Aさんが貼り付けた猫画像を、Bさんが自分のスマホにダウンロードしているのです。このように、「猫波が伝わっていく」ということは、「(猫荷を持った者たちが)猫画像をやり取りしている」ということでもあります(図7)。電磁波の世界でも同じく、「電磁波が伝わっていく」ということは、「(電荷を持った者たちが)電磁波をやり取りしている」とも言えるわけです。この場合、猫波を猫画像と言い換えたように、電磁波も、「光子(フォトン)」と言い換えましょう。つまり、「(電荷を持った者たちが)光子をやり取りしている」というわけです。

さて、猫の話が続きましたので、猫荷を持たない方々には辛いでしょうから、原子の話に戻りましょう。

図7　猫波の伝播

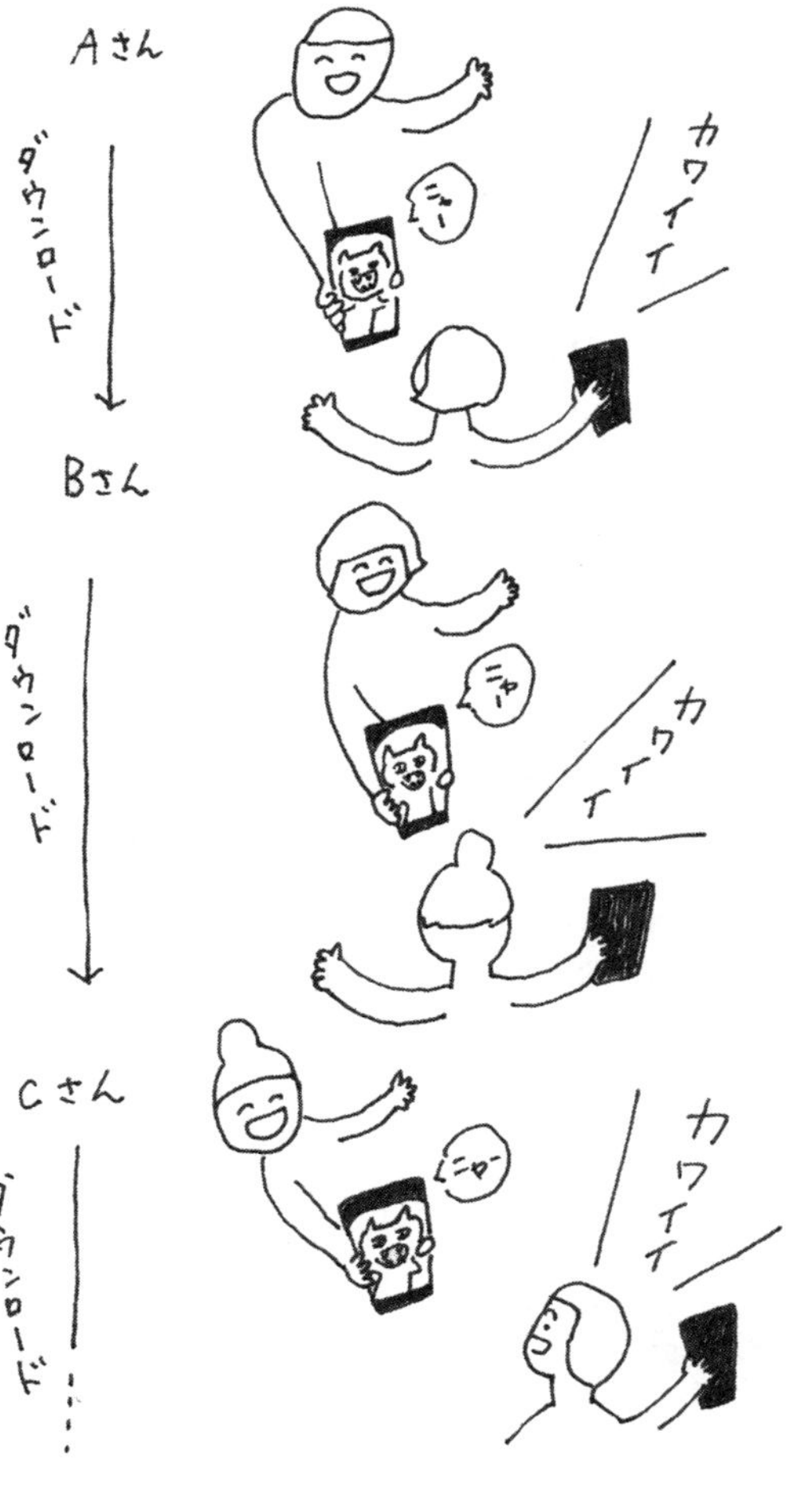

原子核の構造

原子は、太陽系のように、原子核の周りを電子が回っている構造をしている、ということでしたが、太陽の周りを惑星が回るには、ある条件が必要です。慣性の法則により、力のかからない物体は直進しますから、周回するためには、何らかの力、それも引き合う力が働かねばなりません。太陽系の場合、それは太陽と惑星との間に働く重力なのですが、原子もこれと同じく、引き合う力が必要になります。電子は－の電荷を持っていますから、これと引き合うために、原子核は、＋の電荷を持っていなければなりません。

原子の構造が判明して間もなく、原子核の構造も判明しました。

この僕が用意した模式図（図8）がまた意図的に描かれていますが、この図のように、原子核は、2種類の粒が固まって出来ていました。それぞれ陽子と中性子と呼ばれるものです。陽子と中性子は共に原子核を構成する粒子ですので、合わせて「核子《かくし》」とも呼ばれます。

陽子と中性子は、大きさや質量はほとんど同じですが、その名前の通り、陽子は「陽」、つまり＋の電荷を持っていて、中性子は「中性」つまり電荷を持っていません。このよう

図8　原子核の構造

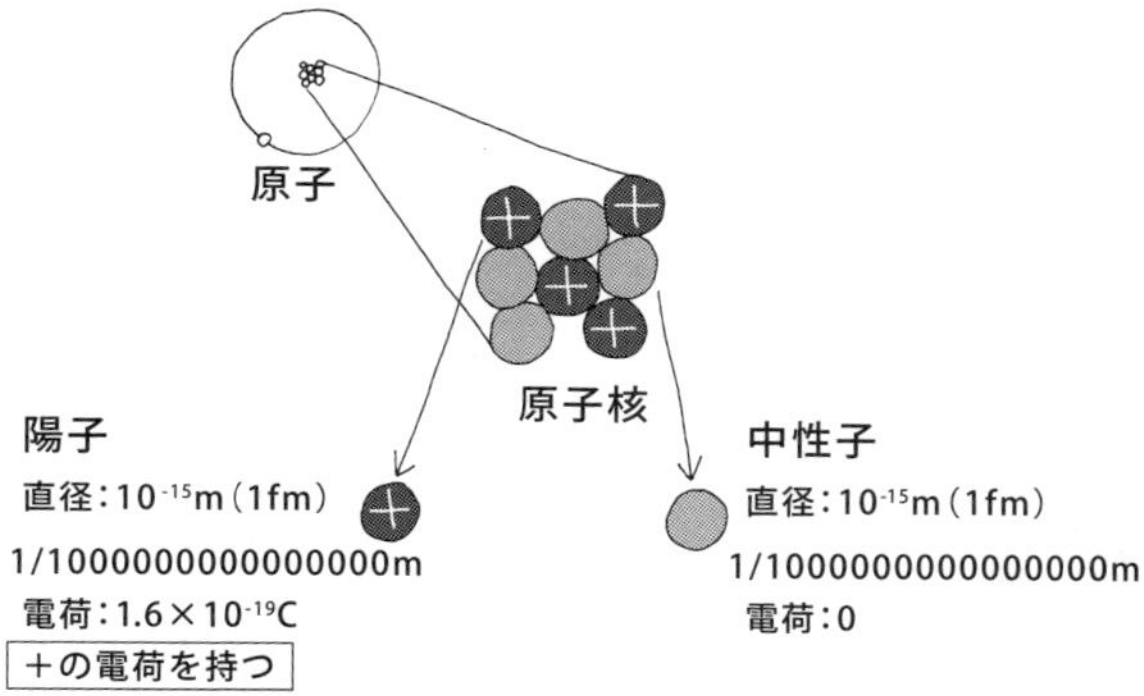

に電荷があるかないかの違いがあります。

ここで、極めて重要なことがわかります。それは、世の中には１００種類を超える様々な原子がありますが、その原子の違いとは、陽子と中性子、たった2種類の粒子の、単なる組み合わせの違いに過ぎない、ということです。

例えばこの机は木で出来ています。皆さんが座っている椅子は、鉄とプラスティックから出来ています。皆さんの身体は、タンパク質と水で出来ています。分子のレベルで見れば、皆さんの身の回りのものは、実に様々な物質から出来ています。それが実は１００種類程度の原子の組み合わせによって出来ている、ということも、発見当時は意外な事実だったのでしょうが、それが更に原子核のレベルで見ると、たった2

種類の粒子の組み合わせに過ぎないとなると、これは本当に驚くべきことです。

例えば、陽子が1個だけの原子核は水素です。水素は燃える気体ですね。次世代の自動車用燃料の候補としても注目されています。

陽子が2つになるとヘリウムになります。ヘリウムは我々のように物理学の実験を行っている者には、極めて貴重な、実験には欠かせない気体です。他にも、工業的な需要も年々高まっている重要な物質です。しかし、そういうものに関わっていない方々に取っては、そうですね、風船の中に入れる気体であったり、あるいは、吸うと声が変わる気体であったりとか、それくらいでしょうか。

陽子が3つになると、リチウムになります。こちらのほうが、皆さんに取っては身近であるかもしれません。このiPhoneの電池は、リチウム電池です。今やリチウム電池は我々の生活に欠かせません。リチウムは非常に反応性の高い金属です。その性質を用いて電池をつくっています。

図9　水素、ヘリウム、リチウムの原子核

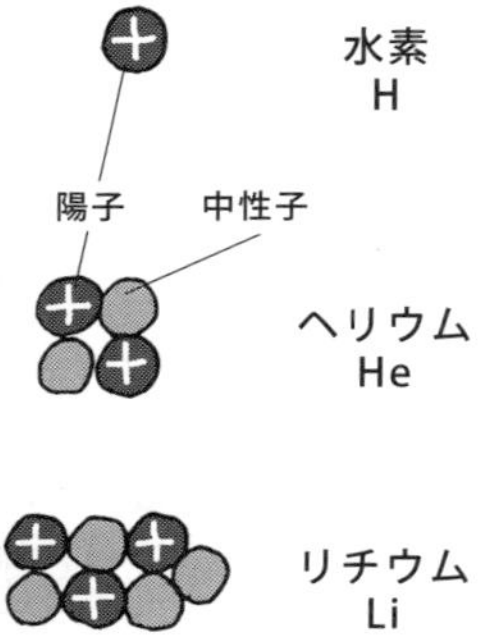

図10　周期表

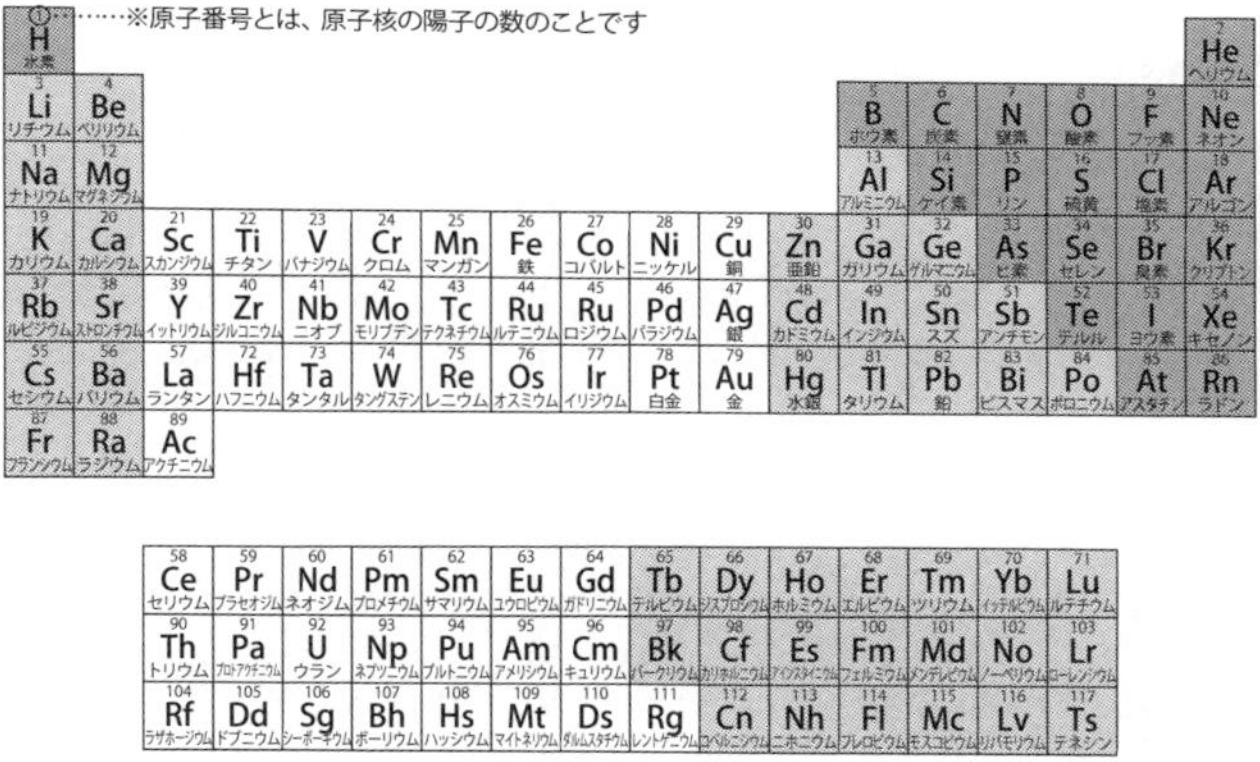

陽子の数を1から3まで変えただけで、これだけ全く異なる性質を示す原子がつくられるのです。このように、陽子の数の順で原子を並べていくと、周期表が出来上がります（図10）。皆さんお馴染みの原子もあるでしょうが、この100を超える種類の原子、それぞれが全く異なる性質を持つ原子は、本を正せば、単に、陽子（と中性子）の数が異なるだけのものなのです。

先程、原子と化学のところで、昔の錬金術は詐欺であったとお話ししました。「世の中の物質は全て原子の組み合わせから出来ており、原子自体は変化しない」という原子論に従えば、例えば水銀の原子と金の原子は別物ですから、水銀から金を生み出すことはできないのです。化学の世界では、今でもこれは正しいわけです。

ところが、原子を割って、その先の原子核までを見てみると、陽子と中性子の組み合わせ次第で、どんな原子もつくることができるとわかりました。つまり、錬金術は、化学的には不可能でも、物理学的には可能なのです。水銀の原子核の陽子と中性子の数を変えれば、金をつくり出すことは原理的に可能です。但し、原子核の構成を変えるには、膨大なコストと手間がかかりますので、別の原子から金をつくり出すよりも、普通に金を買ったほうが、はるかに安上がりなのですがね。

クォークと強い力

では、陽子と中性子を分解してみましょう。これらの粒子は、クォークと呼ばれる粒子から出来ています（図11）。陽子と中性子を構成するクォークには、アップクォーク（u）とダウンクォーク（d）という2種類あり、陽子はアップクォークが2つとダウンクォークが1つ、中性子はアップクォークが1つとダウンクォークが2つから出来ています。

クォークは、電荷を持っています。電子の電荷の量を-1とすると、アップクォークが$+\frac{2}{3}$で、ダウンクォークが$-\frac{1}{3}$です。分数の電荷量というと不思議な気もしますが、要は、電子を基準にしたからそうなっているだけです。

陽子は、アップ2つにダウン1つですから、(+2/3)×2+(−1/3)=+1で、電子と同じ電荷量、但し、電荷の符号が逆になります。中性子は、アップ1つにダウン2つですから、(+2/3)+(−1/3)×2=0で、まさに「中性」となるのです。

世の中の物質は、陽子と中性子という2種類の粒子の、数の組み合わせだけで出来ている、というお話をしましたが、その陽子と中性子も、やはり中身は同じ種類のクォークで、その組み合わせが2:1か1:2かという違いだけだったのです。

図11　陽子と中性子

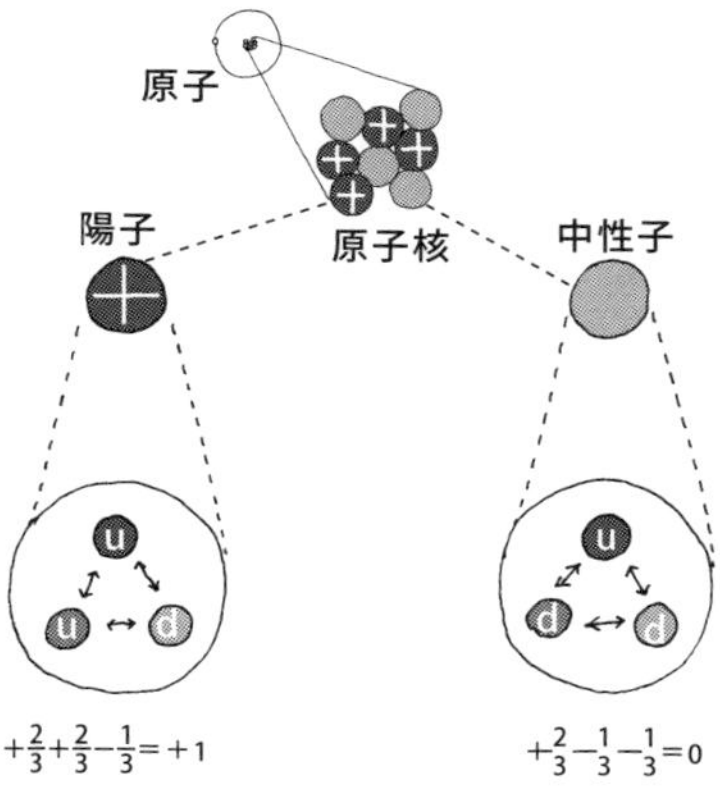

物理学者の深い反省

因みに、クォークというのは鳥の鳴き声だそうです。なぜそのような意味のない名前を付けたのかというと、これには物理学者の深い反省がありまして、例えば原子という名前を付けたとき、恐らく当時の人は「これ以上小さな階層はない、世の中の基本となる粒子である」という意味を込めて「原子」としたのに、しばらくしたらその下の階層が発見されてしまいましたので、恥ずかしい思いをしてしまったのです。

ですからクォークの場合も、例えば「基本粒子」のような名前を付けてしまうと、「実は中身は……」なんてことが判明した際にまた恥をかくことになるので、意味のない言葉にしたわけです。物理学者も少しずつ賢くなっているのです。

今のところ、クォークより小さな構造は見つかっていません。もちろん、将来的には見つかるかもしれませんが。

というわけで、この陽子と中性子を構成するクォーク、これが、今のところ、それ以上分割できない究極の粒子、即ち「素粒子」と呼ばれます。

クォークの大きさは、0.0000000000000000001mよりも小さい、ということはわかっているのですが、実際には大きさは無いのかもしれません。

陽子くらいまでの階層を扱う学問が原子核物理学で、素粒子を扱うのが素粒子物理学です。我々素粒子物理学者は、この世で最も小さな究極の粒子を扱っています。

強い力は、強いが作用する距離が短い

ところで、ここまでお話ししてきて、不思議に思われたことはなかったでしょうか。例えば陽子はアップクォーク2つとダウンクォーク1つから出来ていますが、アップクォークは＋の電荷を持っており、本来であれば反発し合って、大人しく陽子の中に収まっていないはずです。あるいは、その上の階層、原子核の段階で、＋の電荷を持った陽子同士がくっついて原子核を構成しているのも、不思議な話です。

これは、反発し合う電磁力よりも、もっと強力な力がクォーク同士に働き、がっちりと繋ぎ止めているからに他なりません。この力を「強い力」と呼びます。何だか一般名詞のような響きですが、Strong interactionを訳したものです。電磁力に比べて強い、という意味です。

しかし先程、我々が目にする力は、重力を除いて電磁力が表われたものだということをお話ししましたが、それ以外の力が存在するのに、なぜ我々はそれを顕わに感じないのでしょうか。

それは、強い力の到達距離が短く、だいたい原子核の大きさ（10^{-15}m）程度しかないからです。仲間内でしか通じない話題であるがために、世界に広がっていかないのです。猫画像

図12　原子核を結合する強い力

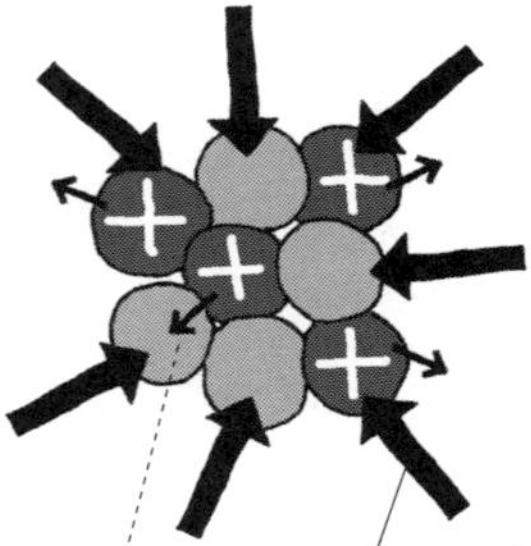

のようなグローバルなネタではないのです。しかし内輪ネタというものはわかる人には強烈なものので、仲間内では、猫画像よりも強力なネタとなるのです。強い力と電磁力を単純に比較することはできないのですが、概ね、強い力は電磁力より100倍ほど強い、と考えていただければよいでしょう。

強い力では、電荷に相当するのが色荷《しきか》で、3種類（後述する反物質も含めると6種類）あります。また、光子（猫画像のように実際にやり取りするもの）に相当するのが膠着子《こうちゃくし》（グルーオン）です。グルーと言えば糊ですね。本来反発し合うクォーク同士をべったりと繋ぎ止めておく、という意味で、膠着、糊なのでしょうが、どちらかと言えば、バネのようなもののほうが、

図13　強い力＝グルーオンのやり取り

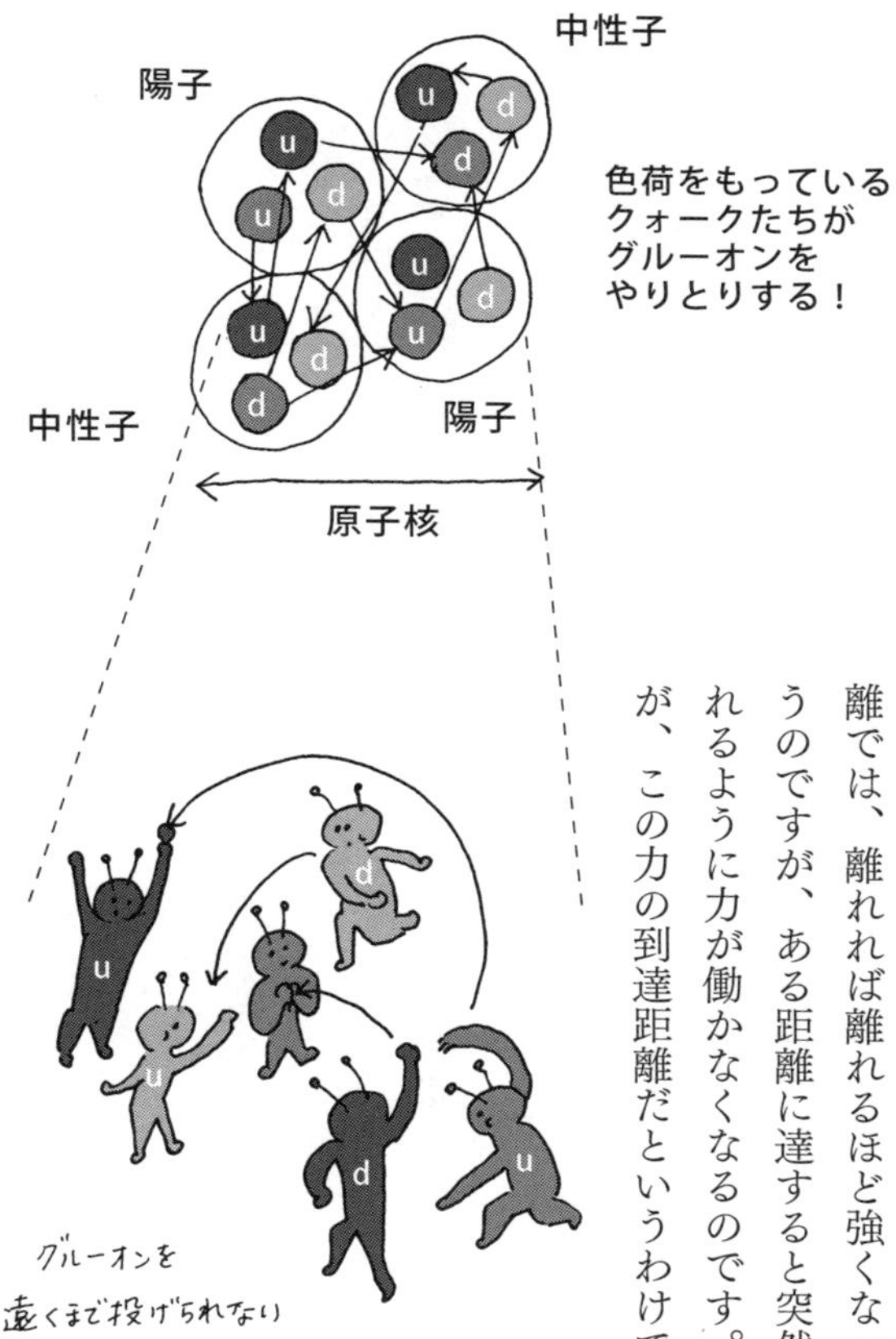
中性子
陽子
u
d
色荷をもっている
クォークたちが
グルーオンを
やりとりする！
中性子
陽子
原子核
グルーオンを
遠くまで投げられない

イメージとしてしっくりきます。

この強い力は、バネの力のように、ある近距離では、離れれば離れるほど強くなって引き合うのですが、ある距離に達すると突然バネが切れるように力が働かなくなるのです。その距離が、この力の到達距離だというわけです。

表1　物質を構成する素粒子

	第1世代	第2世代	第3世代
クォーク	u アップクォーク	c チャームクォーク	t トップクォーク
クォーク	d ダウンクォーク	s ストレインジクォーク	b ボトムクォーク
レプトン	e 電子	μ ミューオン	τ タウオン
レプトン	νe 電子ニュートリノ	νμ ミューニュートリノ	ντ タウニュートリノ

強い力
電磁力
弱い力

素粒子の一覧

このような究極の粒子である素粒子を、一覧表にしてみました（表1）。表では、12種類の素粒子が描かれています。

先程お話ししたクォークは、アップクォークとダウンクォークでしたが、それ以外に、我々の身体を構成する原子核には含まれないクォークもあり、クォークは全部で6種類あります。

そして、表の下の段には、電子も入っています。電子も、その中身の構造がわかっていない、素粒子です。但し、クォークに対して、「レプトン」と呼ばれる仲間に属します。レプトンは、色荷を持たない素粒子です。ですから、レプトンには、強い力が働きません。

表はレプトンも2段に分かれていますが、そのうちの上の段、「電子」「ミューオン」「タウオン」は、電荷を持っています。ですから、クォーク（全て電荷を持っています）とレプトンの上の段の、合計9種類の素粒子には、電磁力が働きます。

そして、レプトンの下段、表中の最下段の3つの素粒子には、色荷も電荷もなく、つまり、強い力も電磁力も働きません。この3つの素粒子が、今回の主役、「ニュートリノ」と呼ばれるものなのです。

ミューオン透過法

ニュートリノの話に行く前に、少しだけ脇道に逸れて、この表にあるミューオンという素粒子についてお話ししましょう。

表の位置関係からもわかるように、ミューオンとは電子の仲間です。大雑把に言えば、「ちょっと大きな電子」のようなイメージです。大きさ（質量）以外にも性質に違いがありまして、ここでは詳しく触れませんが、他の物質との反応性が、電子よりもずっと乏しいのです。コミュ力が、電子よりも大幅に低いのです。そのため、物質中を通り抜ける際、電子はいろんな人に呼び止められてすぐに捕まってしまいますが、ミューオンはスルーさ

図14　ミューオン検出器

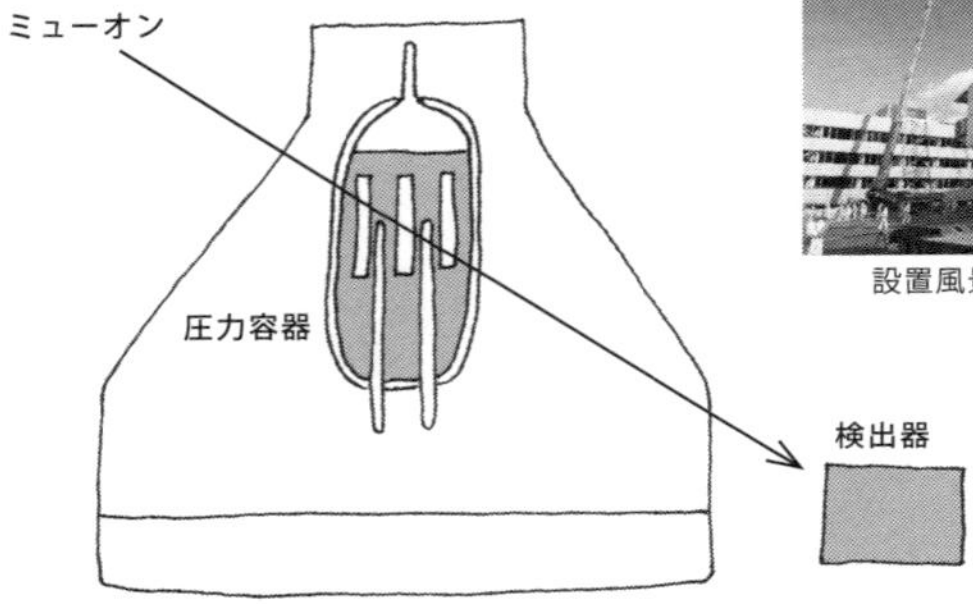

設置風景　　提供：東京電力

れてしまいますので、物質を容易に通り抜けることができる――透過性が高いのです。この性質を用いて、様々なことに利用されているのですが、一例として、このようなものを挙げてみましょう。

2011年に福島第一原子力発電所が事故を起こしましたが、あまりの放射線の高さに、その内部調査もなかなか進んでいません。最も重要な関心事のひとつは、核燃料がいったいどこにあるのか、ということですが、我々高エネルギー加速器研究機構のあるグループが、ミューオンを用いた方法で、その調査を行いました。

後述しますが、ミューオンは地球に降り注ぐ宇宙線により大気中でつくられ、常に地上に降り注いでいます。そこで、ミューオンの検出器を原子炉の正面に置くと、大気から降り注いだミューオンが原子炉を通り抜け、検出器に到達するわけですが、その間に通過した物質の量に応じてミューオンの量が減り、ちょうどレントゲン撮影のように中身を透視できるのです。レントゲン撮影であればX線を用いますが、原子炉の炉心の容器は非常に厚い鋼鉄で出来ている上に、非常に巨大ですので、今回のように炉心全体を見たい場合にはX線撮影は適していません。ミューオンであれば、天然のものが空いっぱいに飛んできている上に、透過性が高いので、このような目的にはとても適しているのです。

そのようにして炉心内部を透視した画像が、図15です。ミューオンを充分な量だけ集めるために、1週間ほど稼働させてデータを溜めたそうです。

図15　炉心内部

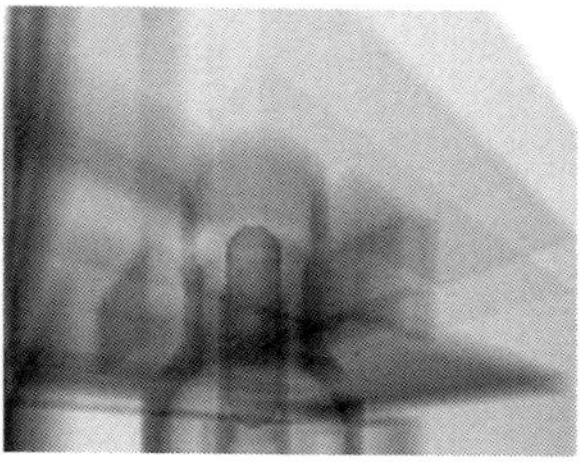

提供：IRID

この画像を見ると、炉心部分が空で、核燃料が残っていないことがわかります。つまり、核燃料は溶け落ちてしまっていることを意味しています。

次に確認すべきことは、その下、格納容器底に溶け落ちた核燃料が溜まっているかどうかです。しかし、この透視撮影に最適なミューオンは、上空からやってくるミューオンであって、水平方向からやってくるミューオンはそれに適していないため、撮影は見上げるような形で行う必要があります。高い位置にある炉心は検出器を地上に置いて観測できましたが、地上附近の高さにある格納容器底を見るためには、地面に穴を掘って、検出器を地下に設置する必要があります。事故処理で大忙しの現場で、穴を掘らせてくれ、という要求は、なかなか通らないでしょうね。

ニュートリノの「誕生」

それでは、今回の主役であるニュートリノについてお話ししましょう。

まずは、そもそもニュートリノという素粒子を、なぜ「思いついたのか」というお話からしましょう。「思いついた」という言葉の通り、このニュートリノは、発見されたのが最初ではなく、ある理由から、「見つかってはいないが、なくてはならないもの」として考え出されたのです。

先程、中性子という粒子についてお話し致しましたが、この中性子は、原子核の中にあるときは非常に安定しています。「安定している」というのは、あるとき突然壊れたりしな

図16　中性子が陽子と電子に崩壊する

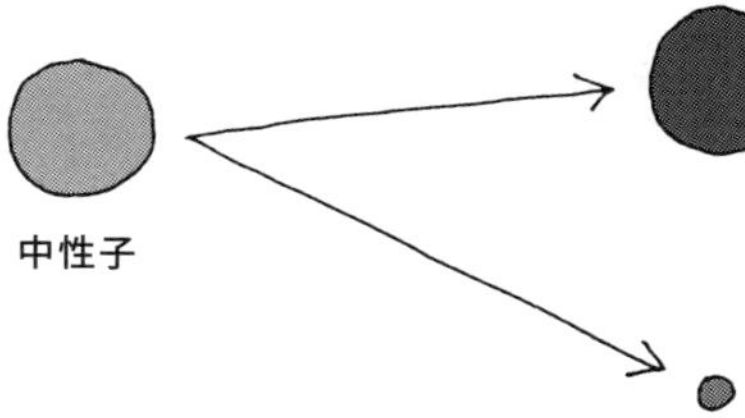

中性子が15分の寿命で自然に壊れると、
陽子に変化。そのとき電子も発生。

い（壊れる確率が極めて低い）、ということです。おかしなことを言っているようですが、こんなことを想像してみてください——皆さんが朝起きて、気付けば左手がなくなっていた、などということが起きれば、大事件ですよね。こんなことが頻繁に起きれば、次の日の朝のことが心配で、夜眠ることもできません。皆さんがそのようなことを気にせずに安らかに眠れるのは、我々の身体を構成する原子核の大部分が、非常に安定しているからです。

ところが、原子核の中では安定している中性子も、原子核を飛び出して、単独で存在している状態では、たった15分で壊れてしまうのです。壊れた先が、陽子と電子です。

この現象を調べると、実におかしなことがわかったのです。物理学の基本法則であるエネルギー保存則が成り立っていなかったのです。

皆さんのうち、中学校や高校で物理学を学んだことのある方は、エネルギー保存則については御存じだと思います。あるいは、化学だけしか学ばなかった方も、質量保存則は御存じだと思います。質量保存則は、化学反応の前後で、反応前の全物質の質量と、反応後の全物質の質量とは、等しくなる、というものです。これは、反応エネルギーの小さな化学反応では概ね正しいのですが、厳密には、反応によって生じるエネルギーを考慮しなければ、正しいとは言えません。そこで、反応前後で、質量を含めた全エネルギーを足し合わせたものを比較すると、必ず等しくなっている、というのがエネルギー保存則です。エネルギーは新たに生まれたり、消えたりしない、というものです。

ところが、この中性子の崩壊では、それが成り立っていないように見えたのです。反応前に中性子が持っていた全エネルギー（質量を含む）と、反応後に陽子と電子が持っていた全エネルギーを比べると、後者のほうが前者よりも少なかった——つまり、エネルギーがどこかに消えていたのです。

当時の物理学者の多くは、この謎が解けずに、こう考えました。「エネルギー保存則が成り立つのは、我々が直接見ることができる大きな世界だけで、このような（原子核程度の）小さな世界では、エネルギー保存則は成り立たないのではないか」と。
ところがそれに異を唱えた物理学者がいました。ヴォルフガング・パウリです。
パウリは、「エネルギー保存則のような基本的な法則を、軽々しく疑ってはならない」と言いました。しかし、現実問題として、成り立っているようには見えません。そこでパウリはこの現象をこう説明したのです。

「まだ見つかっていない粒子が存在して、それがエネルギーを持ち出している」

この粒子がニュートリノです。「ニュートリノ」という名前を付けたのは別の物理学者ですが、そのような粒子がこの反応で発生していて、反応前の中性子のエネルギーと、反応後の陽子と電子とニュートリノの全エネルギーとを比較すれば、必ず等しくなるはずだ、という説明をしたのです。

図17　ニュートリノの発見

未だ見つかっていない
粒子（ニュートリノ）が
エネルギーを
持ち去っているに違いない

ヴォルフガング・パウリ

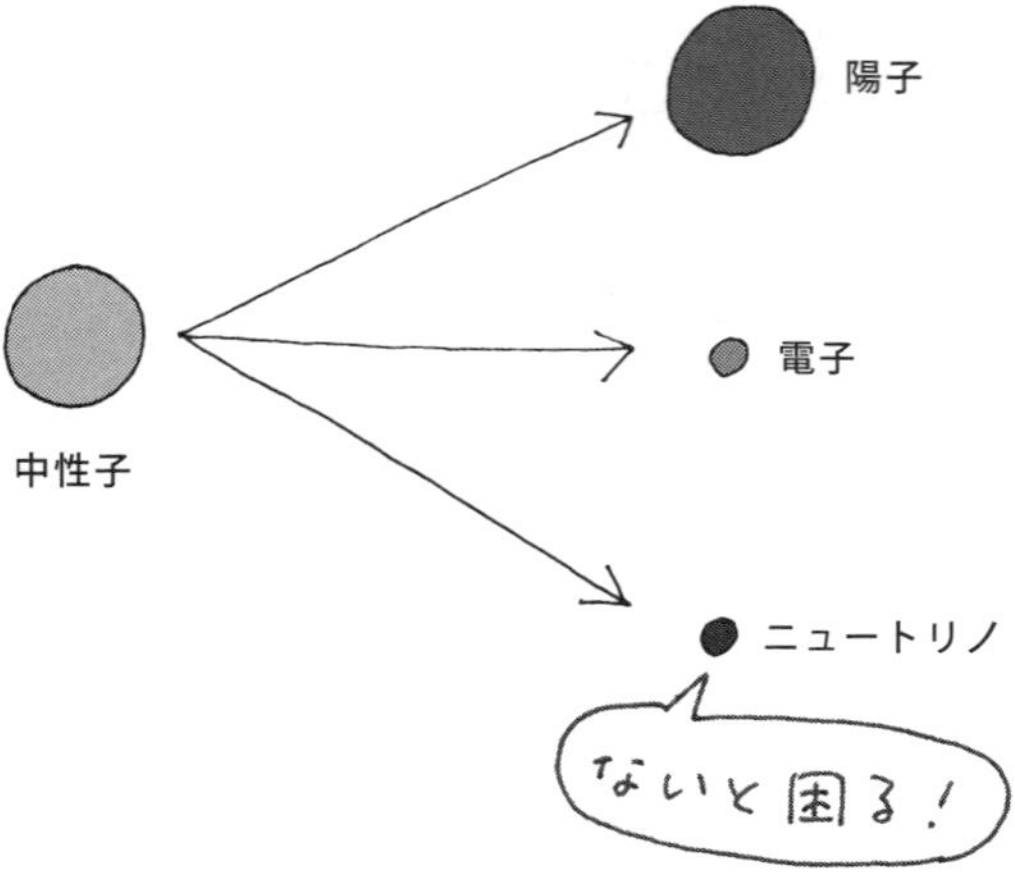

ここで注意していただきたいのは、パウリがニュートリノを発見した上でそう言ったわけではない、ということです。

当時ニュートリノなるものは全く発見もされていませんでしたし、それが発生するメカニズムも不明でしたが、エネルギー保存則を成り立たせるためには、その未知の粒子の存在が、どうしても必要だったのです。そのような理由から、ニュートリノは、「なくてはならないもの」として登場したのです。

しかもパウリは、ニュートリノという素粒子は反応性が非常に乏しいがために、人類は検出できないだろうとまで言ったのです。見つからないものを「ある」と主張したのが凄いですね。

ところが、そのパウリの提唱から26年後に、ニュートリノは本当に見つかったのです。パウリの偉大さが証明されました。

ニュートリノ生成

ニュートリノが生まれる反応を、もう少し詳しく見てみましょう。

中性子が陽子と電子とニュートリノ（正しくは反電子ニュートリノ：電子ニュートリノ

の反粒子、反粒子については後述）に崩壊するわけですが、視点を変えて、核子の変化という点で考えてみましょう。この反応では、核子が、中性子から陽子へと変化する際に、ニュートリノが生成されています。「核子が変化する際に生じる素粒子」とも言えるわけです。

更にもう少し踏み込んで、クォークの観点からこの反応を見てみましょう（図18）。陽子はアップクォーク2つとダウンクォーク1つから成り、中性子はアップクォーク1つとダウンクォーク2つから成ります。違いは、クォーク1つ分だけです。ですから、中性子が陽子へと変化したこの現象は、ダウンクォーク1つが、アップクォーク1つに変化した、その際に、電子と反電子ニュートリノを放出した、とも考えられるのです。

このように粒子を崩壊させる現象、あるいは粒子の種類を変える現象は、これまでに登場した力、重力、電磁力、強い力、の何れの作用でも、説明がつきません。これらとは全く異なる新たな力が作用しているのです。この力を、「弱い力（Weak interaction）」と呼びます。

猫力が猫画像をやり取りすることで伝わっていくように、電磁力が光子をやり取りする

図18　弱い力の伝達

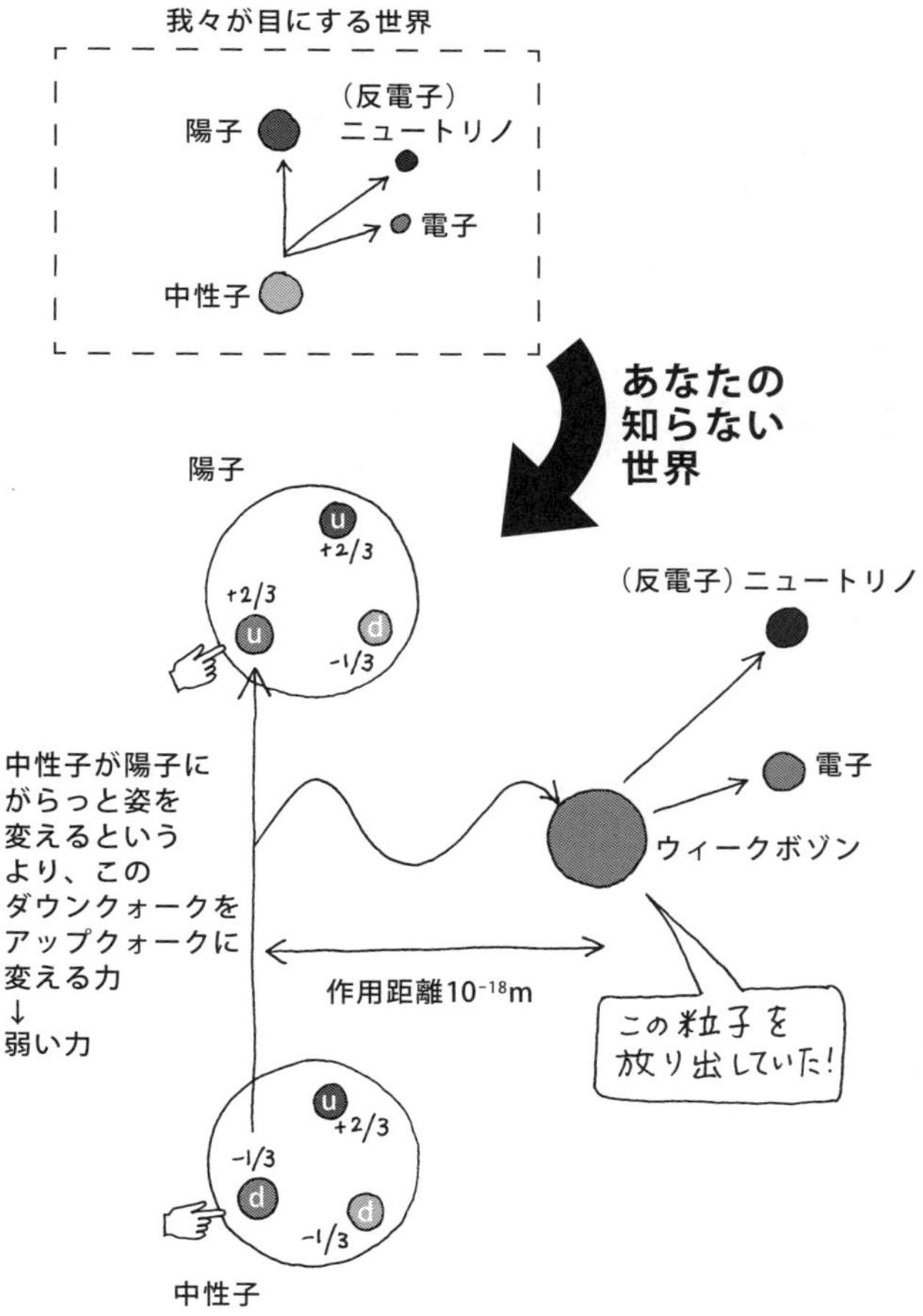
我々が目にする世界
陽子
(反電子)
ニュートリノ
電子
中性子
あなたの
知らない
世界
陽子
u
+2/3
+2/3
u
d
-1/3
(反電子) ニュートリノ
中性子が陽子に
がらっと姿を
変えるという
より、この
ダウンクォークを
アップクォークに
変える力
↓
弱い力
電子
ウィークボゾン
作用距離10-18m
この粒子を
放り出していた!
u
+2/3
-1/3
d
d
-1/3
中性子

表2　物質を構成する素粒子

		第1世代	第2世代	第3世代
クォーク		u アップクォーク	c チャームクォーク	t トップクォーク
		d ダウンクォーク	s ストレインジクォーク	b ボトムクォーク
レプトン		e 電子	μ ミューオン	τ タウオン
		νe 電子ニュートリノ	$\nu\mu$ ミューニュートリノ	$\nu\tau$ タウニュートリノ

強い力
電磁力
弱い力

ことで伝わっていくように、そして強い力がグルーオンをやり取りすることで伝わっていくように、弱い力も、それを伝えるためのもの、猫画像に相当するものが必要です。それが、ウィークボゾンと呼ばれる素粒子です。

この、中性子が陽子へと変わる、あるいは、ダウンクォークがアップクォークへと変わる現象を、ウィークボゾンを介して見てみます（図18）。ダウンクォークは、ウィークボゾンを放出することで、アップクォークへと変化します。このウィークボゾンは驚くほど短命で、たったの10^{-18}m移動しただけで壊れてしまい、その壊れた先が、電子と反電子ニュートリノなのです。この距離はあまりに短いので、当然ながら直接観測することはできず、我々人類は、反応前の中性子と、反応後の陽子と電子と反電子ニュートリノだけを認識できるのです。

もう一度、素粒子の一覧表を見てみましょう（表2）。この反応に関わった素粒子は、アップクォーク、ダウンクォーク、電子、（反）電子ニュートリノと、一番左側の列全てになります。即ち、弱い力は、この表中の全ての素粒子に働く力なのです。

繰り返しますと、強い力は、クォーク（上2段）のみに働く。電磁力は、クォークとレプトンの上の段（上3段）のみに働く。そして、弱い力は、全ての段の素粒子に働く、というわけです。そして、反応は、同じ列の間で起こっていることもわかるでしょう。後述するように、隣の列の素粒子との間でも反応が起こることは現在では知られていますが、通常の反応では、同じ列の間でのみ起こるようになっています。それぞれの列を、「世代」と呼んでいます。別に歳をとっていく順番を表わしているのではありませんよ。「generation」を訳したものですが、物理学者というものは変わった名前を付けますね。

核融合でもニュートリノはつくられる

それでは、実際にニュートリノがつくられる様子を見ていきましょう。

ニュートリノが「核子が変化する際に生じる素粒子」だと考えれば、核子が変化しているところでは、必ずニュートリノがつくられているはずです。例えば、先程から登場している太陽などは如何でしょうか。

太陽は、自らの核融合反応で光り輝いている、というお話をしましたが、具体的にはどのような反応かというと、これも先程原子核のところで登場した水素とヘリウムの反応——水素からヘリウムをつくり出す錬金術なのです（図19）。水素（陽子1個）が4つ集まり核融合を起こすと、ヘリウムになります（実際には数段階の過程を経て反応が起きますが、ここでは省略）。ヘリウムは陽子2個と中性子2個から出来ていますから、この反応では、陽子2個分が中性子2個へと変化を起こします。「核子の変化」ですね。このとき、陽子1個あたり、陽電

図19　太陽での反応

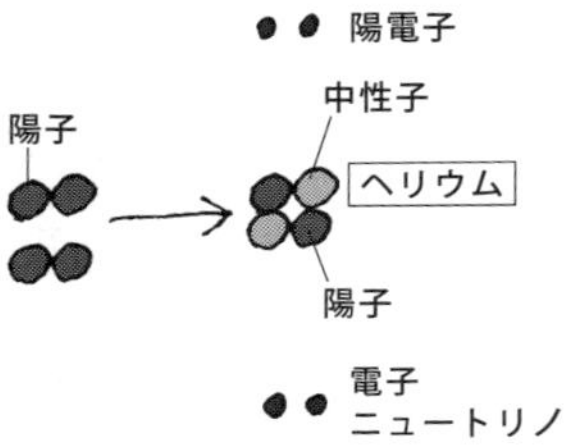

子（電子の反物質、後述）1個と電子ニュートリノ1個が生成されます。もちろん同時にエネルギーも放出されますので、それが恒星が光り輝く元となるのですが、同時にニュートリノも大量につくられていることに注目してください。我々は、太陽からやってきた光を浴びて生活していますが、同時に、太陽からやってきたニュートリノをも浴びているのです。

人間が1秒間に浴びているニュートリノの量

では、どれくらいの量のニュートリノが地球にやって来ているのでしょうか。

皆さんは、自分の身体の表面積が幾らかを御存じでしょうか。人間の表面積は、だいたい2 m^2程度です。ですから、日光浴とかで太陽に向かって半身を向けると、1 m^2の面積を太陽に向けていることになります。その面積、つまり人間ひとりあたりに、どれくらいの量のニュートリノが浴びせられているのでしょうか。

図20　地球表面に降り注ぐ量（1m²、1秒あたり）

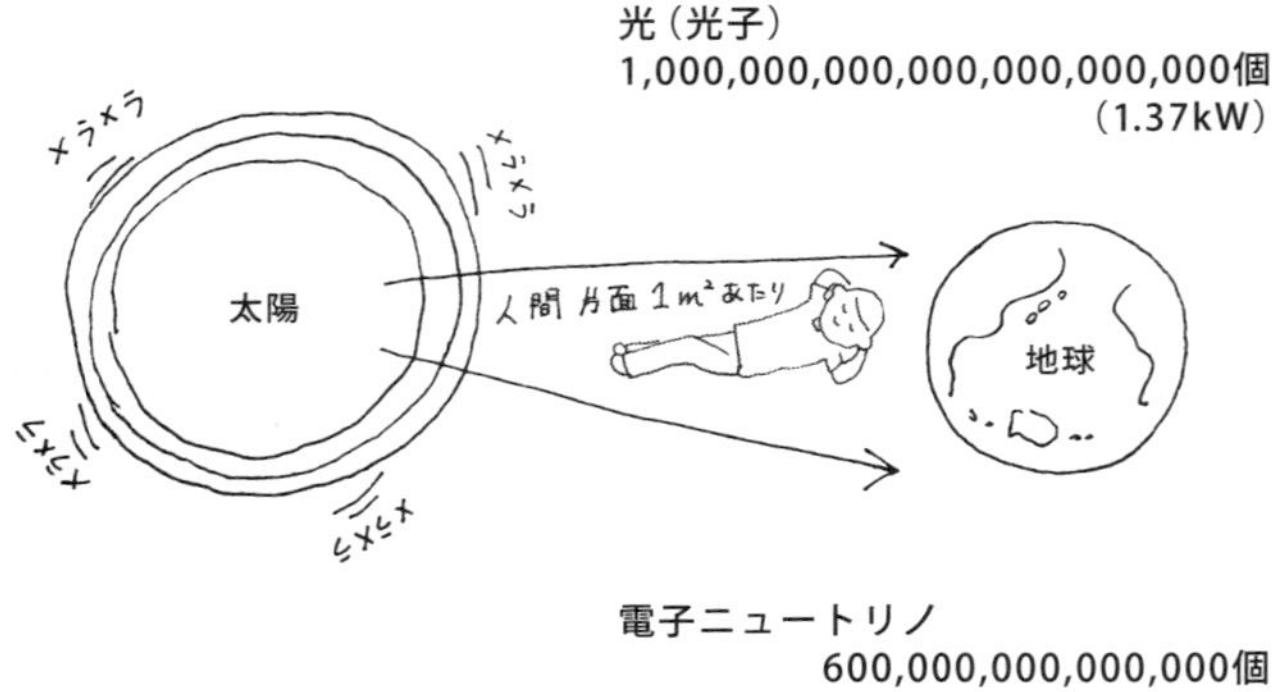

答えは、1秒間あたり、600兆個、です。それだけの量のニュートリノが、今も皆さんの身体に降り注いでいるのです。

その割には皆さん、あまり「ニュートリノを浴びている感」がないですよね。日差しのきつさを感じはしても、「今日はニュートリノがきっついわぁ」とは思わないですよね。それはあるニュートリノならではの性質のせいなのです。

ニュートリノの名前の由来

ここで、ニュートリノの名前の由来についてお話ししましょう。

ニュートリノは、「ニュー」「トリノ」だと思っていらっしゃる方が、恐らく日本では多数派なのかもしれません。新しいトリノ。トリノと言えば、イタリア屈指の工業都市として有名で、オリンピックも開かれましたしね。でもニュートリノの語源にトリノは関係なくて、「ニュートr」「イノ」という合成語なのです。片仮名だと切り難いのですが、アルファベットだと、neutr/inoで切ります。ニュートは「新しい」ではなく、「ニュートラル」の意味です。自動車のギアでニュートラルは、ギアがどこにも入っていない状態のことですが、この場合のニュートラルとは、電荷が＋でも－でもない、電荷を持っていない、ということを意味しています。つまり、中性子と同じく、「中性」です。

次のinoは、これは英語ではなくてイタリア語なのですが、「小さい」という意味です。英語とイタリア語を混ぜるから意味がわからなくなるのですが、このニュートリノの名付け親が、エンリコ・フェルミというイタリアからアメリカに亡命した物理学者だったからでしょう。エンリコ・フェルミは、先程お話しした、中性子の崩壊の現象を詳細に研究した、弱い力の父とも言うべき物理学者であり、実験でも理論でも最高の業績

エンリコ・フェルミ

を残した、史上稀にみる天才です。そして、史上初の原子炉を建設したのも、史上初の原子爆弾の開発に主導的役割を果たしたのも、フェルミです。

電気的に中性（neutr）であり、そして非常に小さい（ino）。この「ニュートリノ」という名称が、その性質を如実に表わしています。

電荷を持っていないということは、電場に全く反応しないことを意味しています。タイムラインが猫の可愛さで盛り上がっていようが、ニュートリノにはそんなことは一切関係ないのです。原子は電子に覆われてその形を保っていますが、ニュートリノからすれば、そんなものはないも同然です。すると、我々の物質、みっちり詰まっている物質なんてものは、ニュートリノからすれば、この会場の中にシャープペンシルの芯が置かれた程度の、すかすかの空間でしかないのです。

それでも尚、ニュートリノが核子程度の大きさを持っていれば、確率は極めて低いですが、この広い会場で、シャープペンシルの芯同士が衝突する程度の確率は期待できたことでしょう。ところが、ニュートリノは、核子などとは比べものにならないほど、「ino」、小さいのです。全ての素粒子のなかで一番小さいと言ってもよいでしょう。ですから、ニュートリノが我々のような通常の物質に向かって飛んできたとして、それに反応する確率は、この会場に置いた1本のシャープペンシルの芯の先に、シャープペンシルの粉をぶつけて当てるよりも絶望的なのです。

ニュートリノはどれほど反応しないのか

ニュートリノがどれくらい反応しないものなのかという一例を挙げましょう。

先程、太陽から地球に向かって降り注ぐニュートリノの話をしましたが、このときに、その太陽からやってきたニュートリノが、地球を通り抜ける途中、地球のどこかに、1回でも当たる確率を考えます。当たる確率も何も、地球は直径13000㎞もの岩石の塊ですから、普通の粒子であれば、地中どころか、地表で幾らでも当たると思います。ところがニュートリノは、地球のような巨大な岩石をも容易に通り抜け、その際に1回でも衝突する確率は、何と、100億分の2しかないのです。つまり、地球を50億個縦に並べたとしたら、ようやく、1回くらいは途中で当たることになります。

皆さんの身体は地球よりもはるかに小さいですよね。ですから、皆さんが毎秒600兆個のニュートリノを浴びていたとしても、単純に地球と皆さんの身体の大きさの比で考えたとしても、一生のうちに1個程度しか当たらないわけです。これでは、「ニュートリノきっついわぁ」とはなりませんよね。このように、ほとんどが反応せずに通り抜けてしまうような粒子なのです。ですから、提唱から発見まで四半世紀もの時間が必要であったことが象徴しているように、捕らえどころのない、従ってその性質もよくわからない、謎多き素粒子なのです。

ニュートリノは、宇宙には大量に存在して、人類の活動でもせっせとつくられています。例えば原子炉で起こる核分裂反応でも、ニュートリノは大量につくられています。しかし、その性質がよくわからず、利用方法もわからないため、それらは全て捨ててしまっているのです。

もっと性質がよくわかれば、積極的に利用する方法も考え出されるかもしれない。そうなれば、何せ量だけは捨てるほどあるわけですから、大革命が起こるかもしれません。そこで、ニュートリノを研究し、その性質をより深く知ろう、というのが、我々の実験グループの仕事なのです。

第2章
反物質

反粒子

ニュートリノの話を進める前に、もうひとつ、素粒子物理学を語る上で極めて重要な概念について御説明致しましょう。

下世話な話ですが、お金の貸し借りについて考えてみましょう。

例えばAさんがBさんからお金を借りたとしましょう。「お金を借りる」とか言うと、ちょっとネガティヴな話ですよね。Aさんは金銭感覚があまりよくなく金遣いが荒いのかな、とか勘ぐってしまいます。そこで、言い方を変えて、「BさんがAさんにお金を貸した」と表現してみましょう。これだと、Bさんはいい人ですね、と、中身は同じ話なのに、印象が随分違ってきます。物は言いようですね。ここで、やり取りしたお金をmとして、BさんからAさんへとお金mが移動する様を数式化してみましょう。

$$B - m = A$$

BさんがAさんへとお金を貸し付けたことを、例えばこのように表現するとします。ここでは、「貸付」が「-m」で表現されています。

次に、Aさんの立場に立って、AさんがBさんからお金を借りた、ということを数式で表わしてみましょう。

$$B = A + m$$

ここでは、「借金」が「+m」で表わされています。借金がポジティヴだと何だか逆のような気もしますが、ここではどちらが＋でどちらが－かは定義の問題なのであって、重要なのは、「貸付」と「借金」が、「ちょうど符号を正反対に引っ繰り返したもの」という点なのです。そして、「現象としては同じものなのに、視点が異なると逆符合のものが現われている」という点も重要です。

中学校の頃の算数を思い出していただくと、この2つの式の間には、「移項」という操作が行われていることに気付くでしょう。「-m」を左辺から右辺へと移項することで「+m」になっている、この移項の際の符号の逆転が、「貸付」「借金」の視点の違いを表わしているのです。

さて、これを、粒子の反応に当てはめてみましょう。

Bという粒子と-mという粒子が反応して、Aという粒子が出来たとします。

B+(-m)→A

この現象を、立場を変えて、あるいは視点を変えて見てみると、Bという粒子が、Aという粒子と、+mという粒子に分かれることだって、数式的には、有り得るはずです。

B→A+(+m)

数式的に有り得るのはよいとして、では、現実問題として、「貸付粒子」「借金粒子」といった符号が逆転した粒子が存在して、このように自在に反応に寄与するものでしょうか。
結論から言うと、それは「Дa《ダー》」であります。
この「借金粒子」+mを、「貸付粒子」-mの反粒子、あるいは反物質と呼びます。宇宙に存在する物質を構成する素粒子の一覧を表3に示しましたが、この12種類の素粒子全てについて、符号が逆転した反粒子が存在するのです。

表3　物質を構成する素粒子とその反粒子

	第1世代	第2世代	第3世代
クォーク	u アップクォーク	c チャームクォーク	t トップクォーク
	d ダウンクォーク	s ストレインジクォーク	b ボトムクォーク
レプトン	e 電子	μ ミューオン	τ タウオン
	ν_e 電子ニュートリノ	ν_μ ミューニュートリノ	ν_τ タウニュートリノ

	第1世代	第2世代	第3世代
反クォーク	$\bar{u}$ 反アップクォーク	$\bar{c}$ 反チャームクォーク	$\bar{t}$ 反トップクォーク
	$\bar{d}$ 反ダウンクォーク	$\bar{s}$ 反ストレインジクォーク	$\bar{b}$ 反ボトムクォーク
反レプトン	$\bar{e}$ 陽電子	$\bar{\mu}$ 反ミューオン	$\bar{\tau}$ 反タウオン
	$\overline{\nu_e}$ 反電子ニュートリノ	$\overline{\nu_\mu}$ 反ミューニュートリノ	$\overline{\nu_\tau}$ 反タウニュートリノ

先程（49ページ）の、中性子が崩壊する反応を式で表わしてみましょう。中性子をn、陽子をp、電子を$-e$、反電子ニュートリノを$-\nu_e$とすると、

$$n \rightarrow p + (-e) + (-\nu_e)$$

となりますが、この右辺の電子（$-e$）と反電子ニュートリノ（$-\nu_e$）を左辺へと移項すると、

$$n + (+e) + (+\nu_e) \rightarrow p$$

となり、左辺と右辺を逆に書くと(反応式で逆にするのはおかしいのですが、ここでは、数式と考えて、気軽に逆にしてみましょう)、

$$p \rightarrow n + (+e) + (+\nu_e)$$

となって、52ページでお話しした、陽子が核融合を起こしてヘリウムが出来る際の、「陽子

が中性子に変わり陽電子（+e）と電子ニュートリノ（$+\nu_e$）が放出される」という反応を表わす式となっていることがおわかりでしょう（図21）。

ここで、陽電子（+e）は電子（-e）の反粒子であり、反電子ニュートリノ（$-\nu_e$）は電子ニュートリノ（$+\nu_e$）の反粒子なのです。

反粒子の性質

では、反粒子の性質について考えてみましょう。

Bさんが A さんに貸し付けることが -m で、A さんがBさんに借金することが +m であるならば、これはつまり同じことを立場を変えて見ているだけですから、Bさんから A さんへと移動したお金の額はまるで同じはずです。但し、Bさん側から見た「貸付」と A さん側から見た「借金」は間逆の事柄ですから、符号は間逆です。そこで、-m と +m という、大きさは同じで符号が

図21　太陽での反応

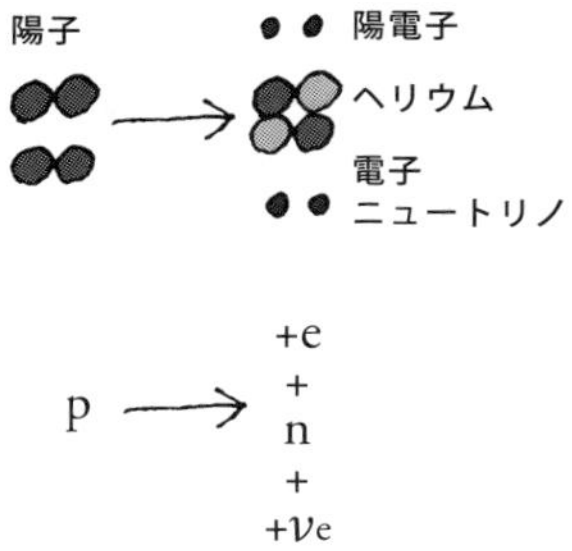

逆転した形となっているのです。

電子（-e）と陽電子（+e）で考えると、質量等の性質は全く同じで、電荷の絶対値も同じで、電荷の符号だけがちょうど正反対になっています。電子（-e）が猫嫌いで、陽電子（+e）が猫好き、それ以外は全く双子のように同じです。

ところで、お金の貸し借りで考えると、AさんとBさんとの間には大きな出来事でも、この出来事はAさんBさんの二人の間で完結していて、それを外から眺めている第三者からすれば、何も起こっていないのと同じです。お金は、二人の世界から外には一切出ていません。ですから、二人の世界の中で、あらゆるものが保存されていなければならないのです。符号が真逆で、それ以外のものが全く同じというのは、こういうところにあります。

例えばこの中性子が崩壊する反応

$$n \rightarrow p + (-e) + (-\nu_e)$$

でも、先にお話ししたエネルギーの保存以外のこともこの世界の中で保存されていなければなりません。例えば電荷の量で考えると、反応前は中性子だけなのですから、トータルの電荷量は零です。ですから、反応後も、トータルの電荷量は零になっていなければなりません。反応後は陽子（電荷＋）と電子（電荷－）と反電子ニュートリノ（電荷零）で、陽子と電子の電荷の絶対値は同じで符号は逆ですから、打ち消し合って、トータルの電荷は零です。

陽子が中性子に変わる反応

$$p \rightarrow n + (+e) + (+\nu_e)$$

でも、反応前は陽子（電荷＋）で、反応後は中性子（電荷零）と陽電子（電荷＋）と電子ニュートリノ（電荷零）です。陽電子の電荷は電子のそれに対して符号が逆で絶対値は同じですから、反応後のトータルの電荷量は反応前と同じになり、ちゃんと電荷も保存されているのです。

対消滅

次に、粒子と反粒子をくっつけてみるとどうなるかを考えてみましょう。単純に数式通りであれば、+mと-mとを足すのですから、

$$(+m)+(-m)=0$$

となります。では現実の粒子の世界では、となると――まさにこの数式の通り、粒子も反粒子も実際に消滅してしまうのです。零になるには、数も同じの粒子・反粒子のペアでなければなりませんから、ペアで消滅するという意味で、「対消滅」と呼ばれています。

粒子としては確かに消えてなくなるのですが、エネルギー保存則はここでも守られねばなりません。例えば電子と陽電子が対消滅する際には、後には、両者の持っていたエネルギーを足したエネルギーが残ります。このエネルギーは、光として現われます。

$$(-e)+(+e)\rightarrow\gamma$$

図22　対消滅

粒子と反粒子が出逢うと…

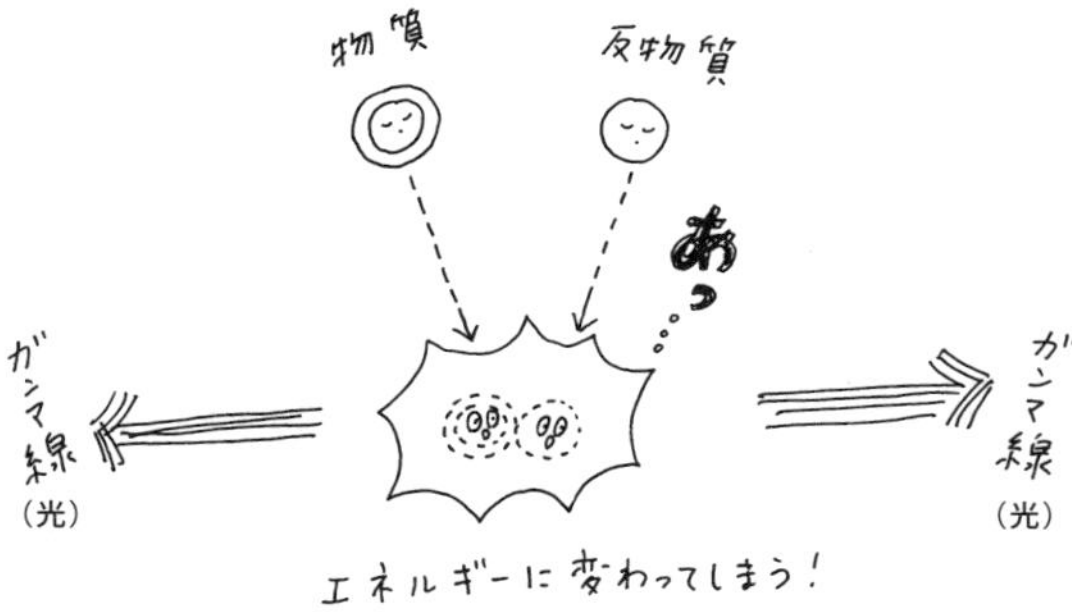

このときの光（γ）のエネルギーは、反応前の電子と陽電子のエネルギーの和、両者の運動エネルギーが零の場合だと、両者の質量の和、1 M《メガ》eVとなります。eV（エレクトロン・ボルト）は素粒子物理学でよく用いられるエネルギーの単位で、1 eV～1.6×10^{-19}J（ジュール）です。

電子と陽電子のペアが対消滅した際のエネルギーは、このように、1.6×10^{-13}Jとちぃさなものですが、これは電子ひとつがちぃさいからであって、我々が普段扱っている世界のサイズにすると話は全く違ってきます。

例えば1gの電子と1gの陽電子を反応させたとすると、電子はひとつあたり9×10^{-28}kgですから、1gの電子だと、1×10^{27}個となり、これに先程の1ペアあたりのエネルギーを掛け合わせると、実に200TJ《テラ》ものエネルギーとなるのです。これは、例えば広島に投下された原子爆弾の3発分もの威力です！　SFの世界で「反物質爆弾」なるものがよく登場するのも、この巨大な威力を買ってのことなのです。もっとも、現在の技術では、1gもの反物質をつくるには途方もない時間とお金が必要で、とても実用的なものではありませんが。

対生成

ここで今、僕は、「反物質をつくるには」と言いましたが、まさにそう、反物質をつくることも可能なのです。数式的には、先程の対消滅の式の左辺と右辺を入れ換えるだけです。

$$0 = (+m) + (-m)$$

何もないところから、(+m)と(-m)が生まれました。但し、ここで重要なのは、必ず、このペア、粒子と反粒子のペアで生まれる、というところなのです。ペアで生まれることから、これを「対生成」と呼びます。

図23　対生成

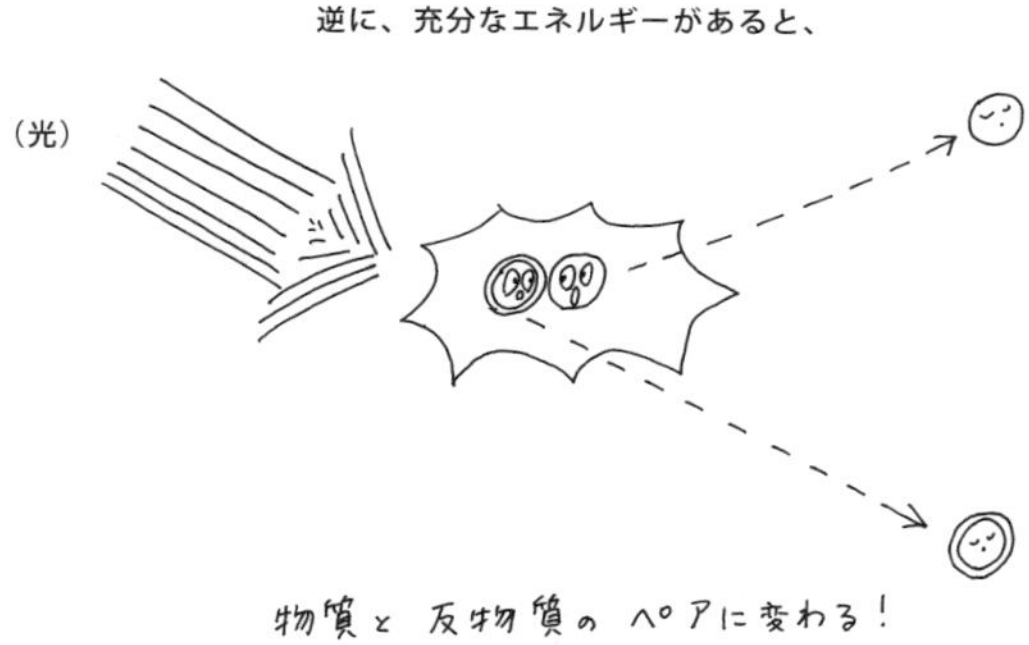
逆に、充分なエネルギーがあると、
（光）
物質と 反物質の ペアに変わる！

但し、ここでもエネルギー保存則は絶対で、反応前には、粒子としては存在しなくとも、それだけのエネルギーは必要なのです。BさんがAさんにお金を貸す場合、ATMからお金を引き出すにしても、その分の預金がなければなりません。例えば電子と陽電子のペアをつくるには、少なくとも（反応後の両者の運動エネルギーが零だとしても）、両者の質量の和分のエネルギー、1MeVが必要なのです。光のエネルギーから電子と陽電子が対生成する場合、

$$\gamma \rightarrow (-e) + (+e)$$

実際には、光（γ）は必ず運動量を持っていますから、運動量保存則から、生成された電子

と陽電子の運動量の和がこれに等しくなければならず、即ち生成した電子と陽電子は動いている、つまり運動エネルギーを持っているわけで、それを１ＭeVに足したエネルギーを元の光が持っている必要があります。

我々の身近にある、強力な光（電磁波）を出す機械と言えば、電子レンジがあります。電子レンジという名前は、電子（エレクトロニクス）という意味であって、電子（エレクトロン）という意味ではありませんので、実際に電子を照射する機械ではありません。照射しているのは電磁波です。ですから「電磁レンジ」というのが本来正しい名前です。その電子レンジは、強力な電磁波を照射することにより、水分を含むもの（食物等）を加熱するのですが、その電磁波の周波数は２Ｇ《ギガ》Hz（ヘルツ）ですから、光（電磁波）ひとつあたりのエネルギーに換算すると、10μ《マイクロ》eVに過ぎず、電子・陽電子のペアをつくるのに必要なエネルギー１ＭeVに11桁も足りません。これがあと11桁分高いエネルギーの電磁波を照射できたら、レンジ内で電子・陽電子のペアが大量につくられて、文字通りの「電子レンジ」となるのですが。

スピン

電荷を持つ電子に関しては、反物質というものを比較的簡単に考えることができました。クォークも電荷を持ちますから、同様に考えることができます。では、ニュートリノはどうでしょうか。ニュートリノには電荷がありませんから、電荷を反転させる、ということに意味はありません（そういう意味で、$(+\nu_e)$と$(-\nu_e)$という書き方は、あまり適切ではありません）。ではニュートリノと反ニュートリノとが反転していないのかというと、そうではありません。電荷とは違う、もうひとつの性質が、反転しているのです。

素粒子は、実は、自転のような動き、「スピン」をしていることがわかっています。しかも、その自転の量（角運動量の大きさ）は、粒子の種類によって決まっているのです。粒子によって自転の回転速度が決まっている、と考えていただいても構いません。

更に興味深いことに、この角運動量の大きさは、ある値の整数倍と決まっています。ここで、素粒子物理学の基本単位であるプランク定数 $h \sim 6.63 \times 10^{-34}$ J・secを2πで割った値（換算プランク定数と呼ばれます）$\hbar = h/2\pi \sim 1.05 \times 10^{-34}$ J・secを考えると、スピンの大きさは、全て、この$\hbar$の半整数倍になっているのです。例えば、クォークやレプトン（電子やニュートリノも）のスピンは$\hbar/2$で、力を伝える粒子（光子やウィークボゾンやグルーオン）のスピンはħです。

スピンの大きさは粒子の種類によって1つに決まっていますが、向きには2つあります。向きと言っても何を基準に向きなど決めるのかというと、粒子の運動方向を基準にしているのです。粒子というものは、じっとしていることはなく、絶えず動き回っています。この、粒子全体として動いている方向（運動量の方向）に対して、左回り（左巻き）か、右回り（右巻き）か、この2つの自由度があるのです。

電子をはじめ、通常の素粒子には、左巻きと右巻きのものがあります。反粒子も同じです。つまり、左巻きの電子、右巻きの電子、左巻きの陽電子、右巻きの陽電子、が存在します。ところが、なぜか、ニュートリノだけは、全てのニュートリノが左巻きで、全ての反ニュートリノが右巻きなのです。右巻きのニュートリノや左巻きの反ニュートリノは存在しません。このため、実はニュートリノには反粒子なるものは存在しなくて（正確には、ニュートリノの反粒子は自分自身で）、我々は、左巻きのニュートリノをニュートリノ、右巻きのニュートリノを反ニュートリノと見做しているだけではないか、という考えもあります。

図24　スピンの大きさ

そして

スピンの大きさは決まっている。

プランク定数を2πで割った値ħ（換算プランク定数）の$\frac{1}{2}$の倍数…

物質を構成する粒子　$\frac{1}{2}\hbar$

	第1世代	第2世代	第3世代
クォーク	u アップクォーク	c チャームクォーク	t トップクォーク
	d ダウンクォーク	s ストレインジクォーク	b ボトムクォーク
レプトン	e 電子	μ ミューオン	τ タウオン
	νe 電子ニュートリノ	νμ ミューニュートリノ	ντ タウニュートリノ

力を伝える粒子（ゲージ粒子）　ħ

- g グルーオン
- γ 光子（フォトン）
- W⁺ W⁻ Z ウィークボゾン

表4　右巻きと左巻き、物質と反物質

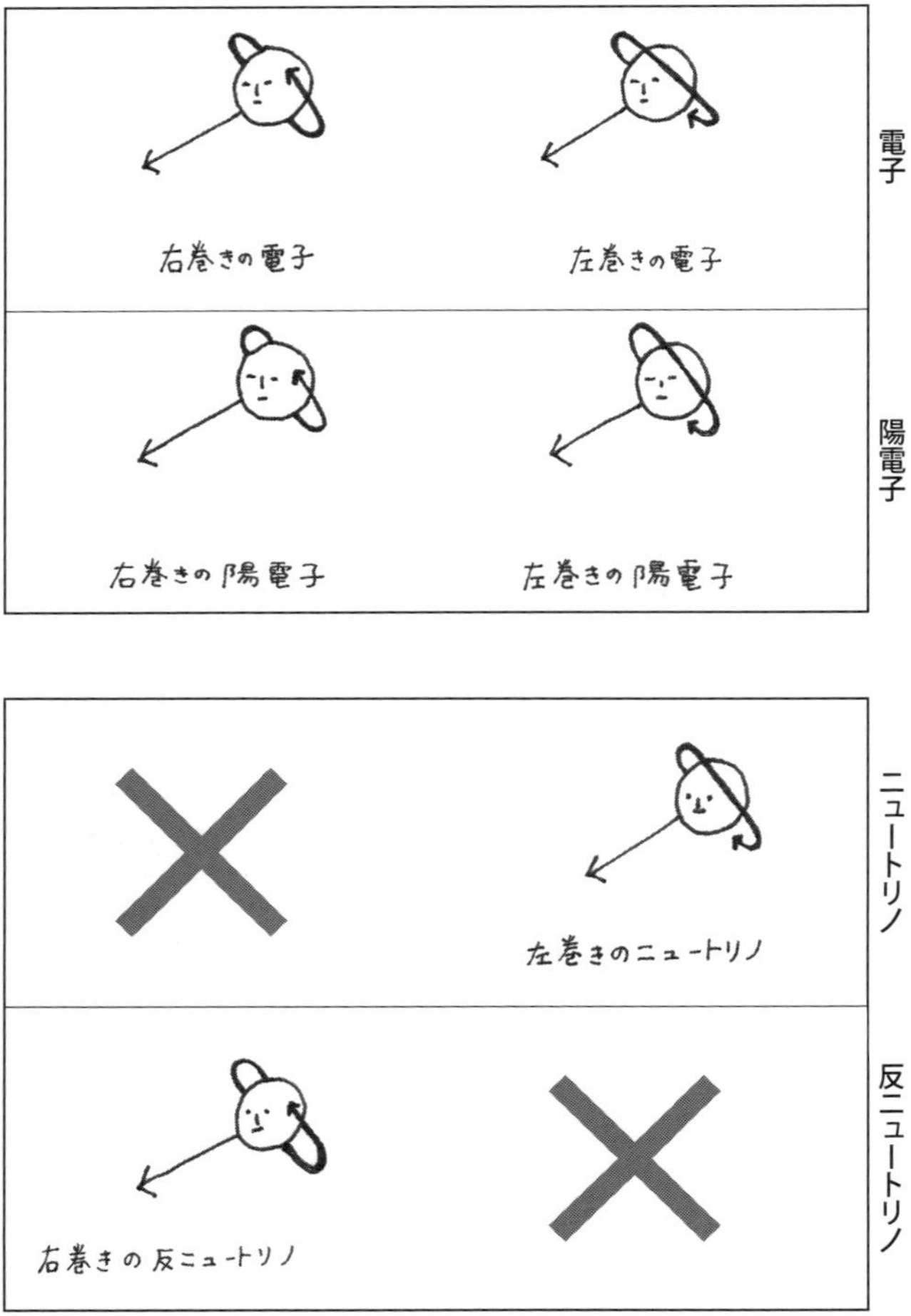

　このように、自分自身が反粒子である粒子を、「マヨラナ粒子」と呼びます。こういう理論を考え出したエットーレ・マヨラナからその名を取っています。因みにエットーレ・マヨラナはイタリアの物理学者で、ニュートリノの名付け親として先に登場したエンリコ・フェルミの下で研究をしていましたが、フェルミがイタリアのファシスト政権から公職を追放されたときに、行方不明となりました。

　話を元に戻しますと、ニュートリノと反ニュートリノは、電荷を持たないために電荷は反転していませんが、スピンの向きは、左巻きと右巻きというように反転しているのです。

　それでは、これまでお話ししたニュートリノの性質を頭に入れた上で、ではいったいどうやってこのニュートリノを研究するのか、というお話をしましょう。

第3章
ニュートリノの検出

ニュートリノの反応と検出

ニュートリノを研究するためには、当然ながら、まず、ニュートリノを捕まえる、即ち、検出する必要があります。そこで、ニュートリノを検出する方法について考えてみましょう。

ニュートリノが他の物質とほとんど反応しないことは、第1章でお話ししたとおりです。つまり、「ほとんど反応しない」ということは、反応確率は零ではない、ということです。そもそも零であったなら、今以て我々はニュートリノの存在を確認できていないはずです。では、その「極僅かな反応」が、どのような反応になるのか、を見ていきましょう。64ページの、中性子が壊れて反電子ニュートリノが出て来る反応を思い出してください。

$$n \rightarrow p + (\bar{e}) + (\bar{\nu}_e)$$

この反応式で、右辺の反電子ニュートリノ（$\bar{\nu}_e$）を、左辺に移項してみます。第2章でお話しした通り、移項の際には符号が反転、つまり、反粒子になるので、反電子ニュート

図25　中性子と電子ニュートリノが反応

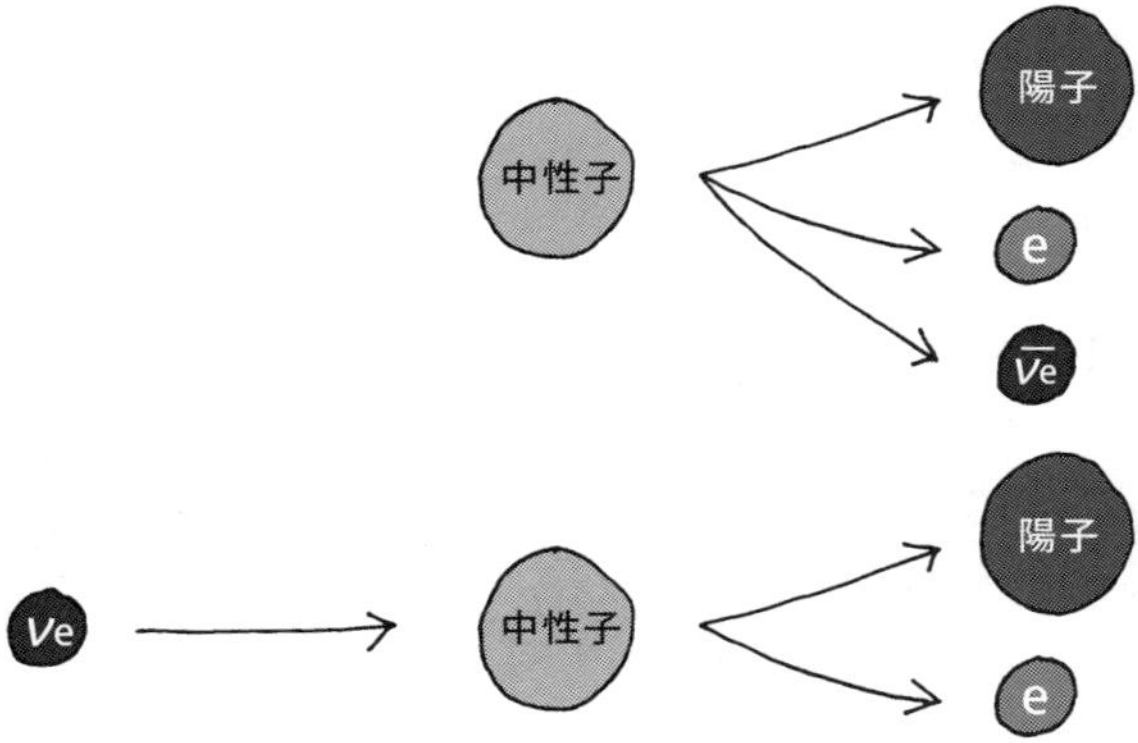

リノの反粒子、電子ニュートリノ（$+\nu_e$）となります。

$$n + (+\nu_e) \rightarrow p + (-e)$$

数式的には単に移項しただけですが、さあ、この反応式をよく御覧ください。「中性子と電子ニュートリノが反応して、陽子と電子に変わる」ことを意味していますよね。つまりこれが、「ニュートリノが物質と反応した場合に起こる反応」なのです（図25）。

ニュートリノそのものは、電荷を持っていないために、我々は直接検出することはできませんが、この反応が起きれば、電子が出てきますから、電子であれば、何せ「最も身近な荷電粒子（電荷を持った粒子）」ですから、我々は容易に検出することができるわけです。
ここで必要なものは、「中性子を含んだ標的」と、「電子を検出する装置」となるのです。中性子は水素以外の全ての原子核に含まれていますから、どのような標的でもよいことになります。但し、ニュートリノが中性子と反応する確率は、繰り返しますが、途轍もなく低いですから、少しでも検出の数を増やすために、できるだけ巨大な標的が望ましいのです。巨大なものを揃えるためには、単価が安い必要があります。

電子は、我々が生きていく上で欠かせない電気そのものですから、その扱いは手慣れたものです。ところが、ここで気を付けなければならないのは、やはり「反応確率が極めて低い」という点です。つまり、如何に巨大な標的を用意しようとも、出てくる電子は極めて少ないのですから、電子ひとつひとつを漏れなく検出する必要があるのです。例えば、我々が日常で扱う電流の単位であるA（アンペア）なるものは、1Aで1秒間あたり6,000,000,000,000,000,000個もの電子の流れに相当するのです。電子をひとつひとつ数えることが、日常からは想像もつかないほどの世界の出来事であることがおわかりになるでしょう。

同世代でのやり取り

ニュートリノには、3種類あることはお話ししたとおりです。

電子ニュートリノの他に、ミューニュートリノ（$+\nu_\mu$）とタウニュートリノ（$+\nu_\tau$）とがあります。これらと中性子との反応は、電子ニュートリノと同様に、

$$n+(+\nu_\mu)\rightarrow p+(-\mu)$$

$$n+(+\nu_\tau)\rightarrow p+(-\tau)$$

となり、それぞれ、ミューニュートリノの場合にはミューオン（$-\mu$）が、タウニュートリノの場合にはタウオン（$-\tau$）が出てきます。

これは、第1章（51ページ）でお話ししたとおりに、同じ列、つまり同じ世代間で反応が起こっていることを意味しています。

これは極めて重要なことです。ニュートリノそのものは直接検出できませんが、この反応を起こした後の、電子、ミューオン、タウオンを、個別に識別できたならば、元のニュートリノが何であったのか、判別することが可能だからです（図26）。

また、もうひとつ重要なことを思い出していただきましょう。エネルギー保存則です。つまり、反応の前後でエネルギーの総和が変わってはならないのです。

例えば電子ニュートリノの反応の場合、標的の中性子はほとんど静止しているとして、その質量は939.6MeV。陽子の質量938.3MeVと電子の質量0.5MeVを合わせて938.8MeVですから、電子ニュートリノのエネルギーが多少低くても陽子と電子を生み出すことは可能です（差し引きで余ったエネルギーは、電子と陽子の運動エネルギーとなります）。

ところが、タウニュートリノの反応の場合、タウオンの質量は1776.8MeVにも達しますから、反応後のタウオンと陽子の運動エネルギーが仮に無視できるほどだったとしても、その合計質量分2715.1MeVから中性子の質量分を引いた1775.5MeVものエネルギーは、タウニュートリノが持ってこなければなりません。タウニュートリノの質量は未だ確定していませんが、18MeV以下ですので、この2000MeV近いエネルギーのほとんどは運動エネルギーで確保する必要があります。

しかも運動エネルギーが大きいということは運動量が大きいことを意味し、運動量保存則から、反応後の陽子とタウオンも相当な運動量を持つ、つまり運動エネルギーを持つこ

図26　素粒子の世代

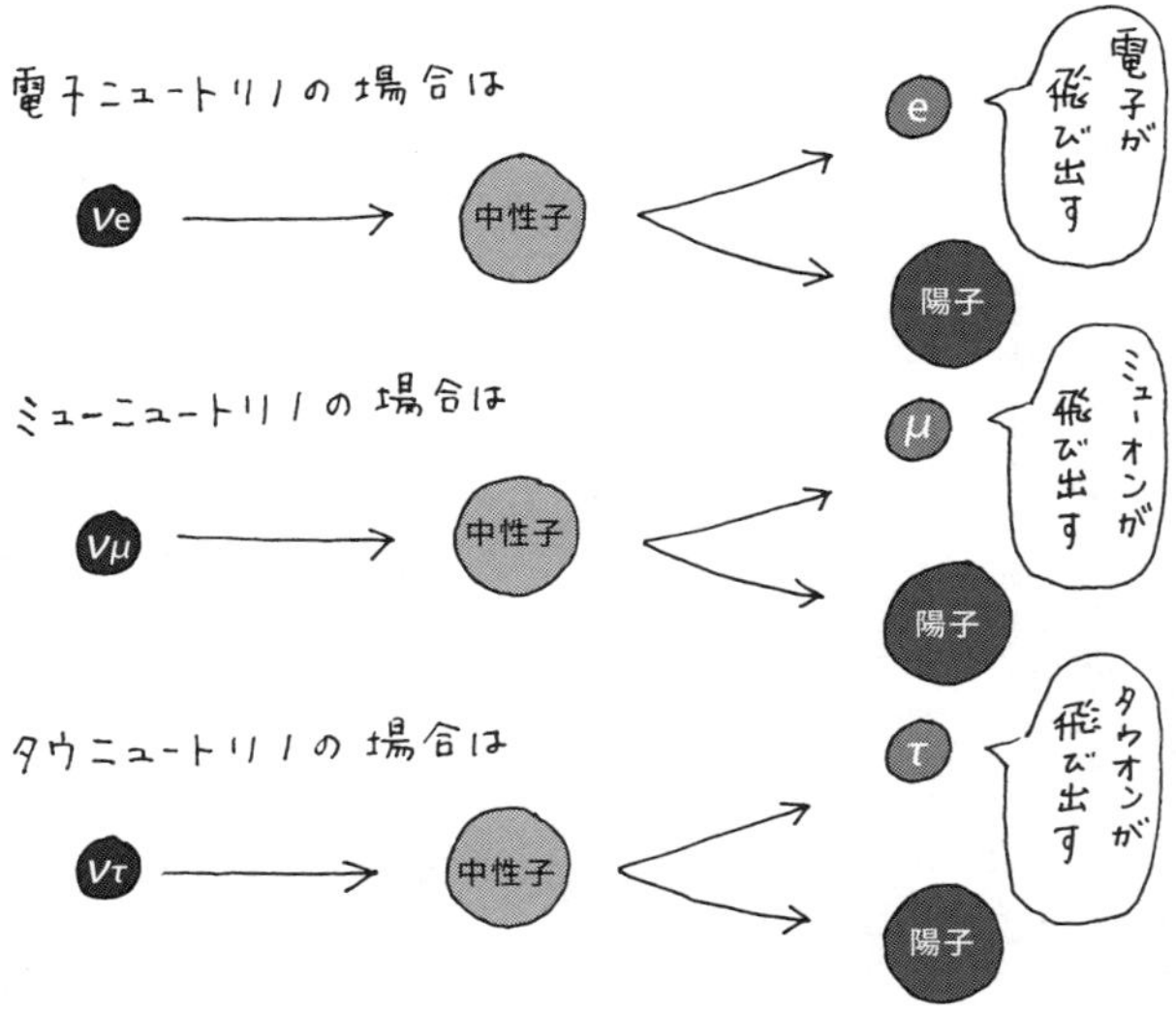

	第1世代	第2世代	第3世代
クォーク	u アップクォーク	c チャームクォーク	t トップクォーク
クォーク	d ダウンクォーク	s ストレインジクォーク	b ボトムクォーク
レプトン	e 電子	μ ミューオン	τ タウオン
レプトン	νe 電子ニュートリノ	νμ ミューニュートリノ	ντ タウニュートリノ

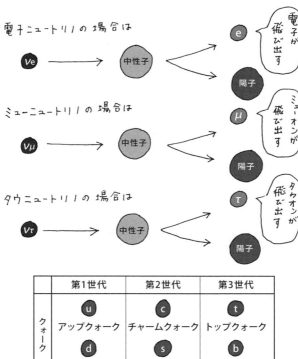

ととなり、従って、この反応を起こすためには、元のタウニュートリノにはその分更に大きな運動エネルギーが必要となります。反応式の上では容易につくり出すことができる粒子も、その質量が大きいと、実際の実験では容易につくり出すことはできないのです。

チェレンコフ光

次に、ニュートリノとの反応によって飛び出した電子やミューオンを検出する方法について考えてみましょう。

荷電粒子をひとつひとつ計測する方法としては、シンティレイターを用いたシンティレイション検出器があります。シンティレイターとは、荷電粒子が通過すると光を出す物質で、荷電粒子の検出に広く使われているものです。図27は、沃化ナトリウム（NaI）をシンティレイターに用いた放射線測定器です。

シンティレイターは非常に優れた検出器なのですが、価格がそれなりにするのが難点です。図27のような小型の検出器であれば問題になりませんが、今からお話しするような巨大な検出器だと、相当なお金がかかります。そこで、別の方法を考えてみましょう。

第1章で猫波のお話をした際に、波が伝わるには時間がかかるというお話をしました。実は、この波の伝播速度が有限であるということは重要なのです。

猫画像を発信している人（波源）が静止している場合は、猫波は同心円状に静かに伝播していきますが、もしこの人が動きながら猫画像を配信している場合はどうでしょうか。街中では、よく、プロモーション用に側面に大きな宣伝画像を貼り付けたトラックなんかが走っていますよね。ああいう感じです。その広告のトラックを見つけた人が、それを撮影してTwitterに載せ、同じ興味を持つ人がその呟きを見る、という具合に波は伝播していきますが、このトラックの速度が非常に速くて、次の人がその呟きを見るより前に、その人の目の前に現れたとしたらどうでしょうか。目の前を通り過ぎた後に、最初の人の呟きを見たとしたら、単にその呟きを見ただけの場合とは違って、「そう、そう、それ！　まさにそれがさっき目の前を通ったよ！」という具合に、よりインパクト（衝撃）が強くなるのではない

図27　NaIシンティレイションサーヴェイメーター

でしょうか。元の人の呟きにリプを送ったりして、一層この話題で盛り上がるかもしれません。

図28を御覧ください。一番上は、波源が静止している場合です。同心円状に波が伝わっていきます。

2番目の図では、波源が、波の伝播速度の半分くらいの速度で右方向へと移動しています。それぞれの時間で波を発生した際の位置が変わっているので、波の形が右に寄ってしまっています。宣伝の情報（宣伝画像の波）が伝わるのに偏りがあって、トラック（波源）が移動している方向に、より宣伝が行き届いているわけですね。

そして、一番下の3です。この波源は、波の伝播速度の2倍の速度で右へ移動しています。同心円が崩れて、妙な形になっていますね。この波を足し合わせると、各波面を結んだ、接線のような波面になります。この合成された波は、点線の矢印の方向へと伝播していきます。これが「衝撃波」と呼ばれるものです。波源が、波の伝播速度を超えた際に生じる波です。

図28　移動する波源

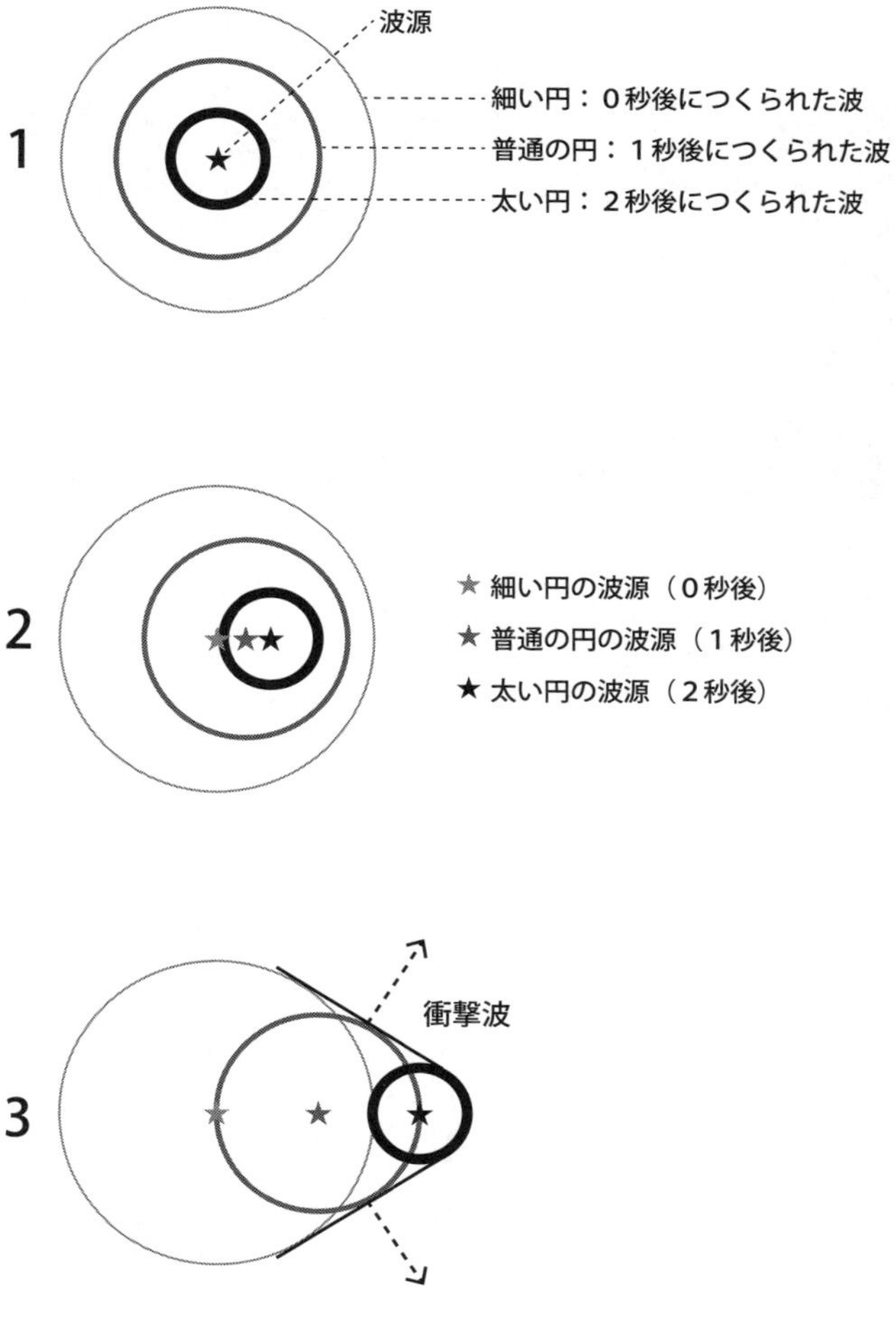
波源
細い円：０秒後につくられた波
普通の円：１秒後につくられた波
太い円：２秒後につくられた波
1
2
★ 細い円の波源（０秒後）
★ 普通の円の波源（１秒後）
★ 太い円の波源（２秒後）
3
衝撃波

図29　艦艇がつくる衝撃波

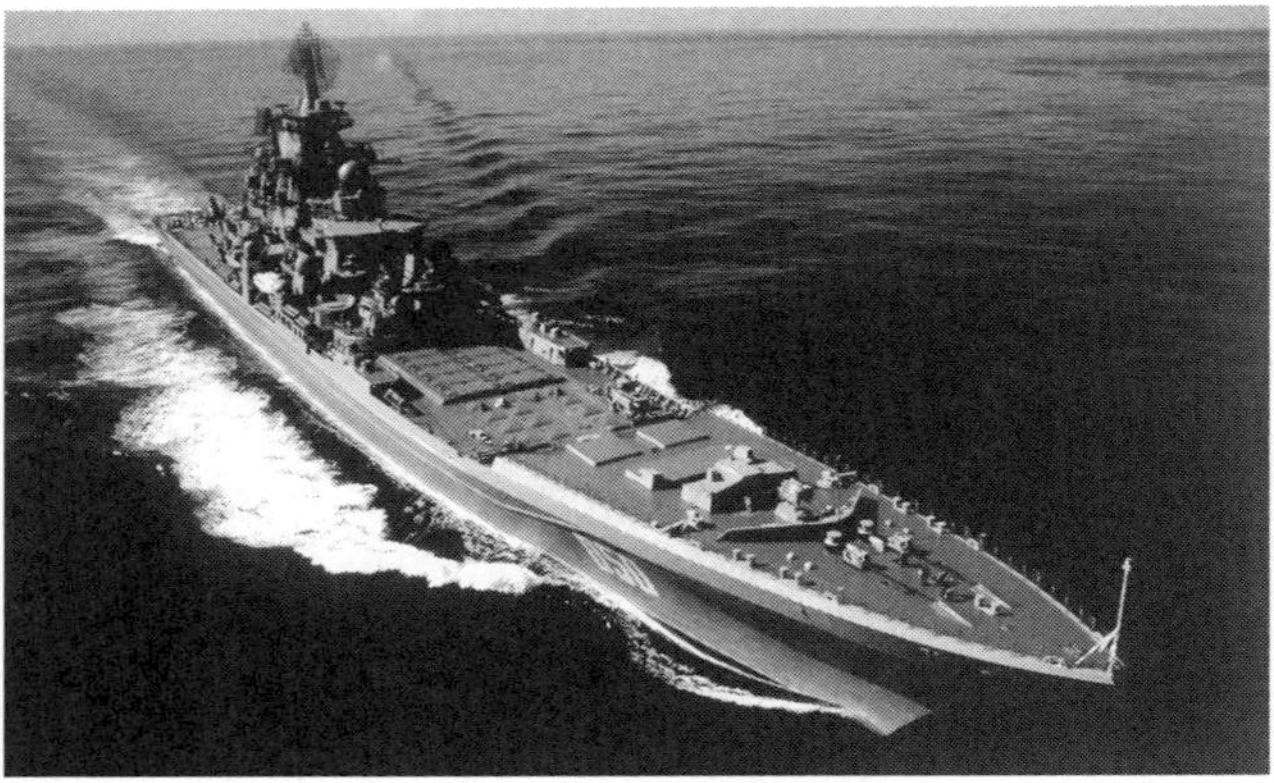

音の世界では、衝撃波は有名で、超音速の航空機などが発生させる「ソニックブーム」などの言葉は、皆さんもお聴きになったことがあるかもしれません。音の衝撃波は見ることができませんが、水面の衝撃波なら見ることが可能です。高速で移動する艦艇がつくる白波、これも衝撃波です。

では、荷電粒子が波源となる衝撃波とは何でしょうか。猫荷がつくり出すのは猫波でしたから、電荷がつくり出すのは電磁波、つまり光となります。荷電粒子が、光（電磁波）の伝播速度を超えたときには、やはり、衝撃波、「光の衝撃波」なるものが発生するのです。これを、発見者のパーヴェル・チェレンコフの名前を取って、チェレンコフ光と呼びます。

　ここで、「光の速度を超える」という点について、おかしいと思われた方もおられるかもしれません。光の速度を超えるものなど存在しないのではないか、と不思議に思われるかもしれません。しかし、超えることができない、この世での最高速度は、「真空中での光速」であって、光というのは、物質中ではそれよりも速度が落ちるものなのです。例えば水の中では、光の速度は、真空中の75％くらいになります。ですから、水面に入るときに光が曲がる、屈折という現象が起きるのだと、小学校でも学んだはずです。

　一方、電子の場合、１MeV程度のエネルギーであれば、その速度は既に光の速度の75％を超えてしまっています。荷電粒子が物質中で光速を超えることは、よく起こることなのです。そして、ニュートリノと中性子との反応によって生じた電子も、水中であれば、光速を超えるのです。そして、その際に、光の衝撃波、チェレンコフ光を発生させます。このチェレンコフ光を捕らえれば、ニュートリノ→電子→チェレンコフ光と、二重に間接的ではありますが、ニュートリノを捕らえることができるのです。

パーヴェル・チェレンコフ

因みに、このチェレンコフ光は、ニュートリノとの反応で生じるものは、ニュートリノの反応が極めて起こり難いために、微弱なものではありますが、もっと大量に荷電粒子が生じる反応では、人間の目で見てわかるくらいに発光します。例えば、図30の下は、原子炉の炉心の画像ですが、青白く光っています。これがチェレンコフ光です。

水チェレンコフ検出器

ところで、図29の艦艇がつくる波の画像では、艦艇のすぐ近くでは見事な白波が立っていますが、少し艦艇から離れると、すぐに消えてしまっていますね。これは、波が減衰するからです。ニュートリノとの反応によって生じた荷電粒子がつくり出したチェレンコフ光も、周囲がその光を減衰させるようでは、すぐに消えてしまって、うまく検出できません。そこで、このチェレンコフ光を利用した検出器では、標的本体は光を減衰させないように透明である必要があります。そして、本章の最初にお話しした、単価が安く大量に集められるもの、という条件を加味すると、そう、皆さんに取って最も身近な物質がこれに相当するのです——水です。

図30　光の衝撃波：チェレンコフ光

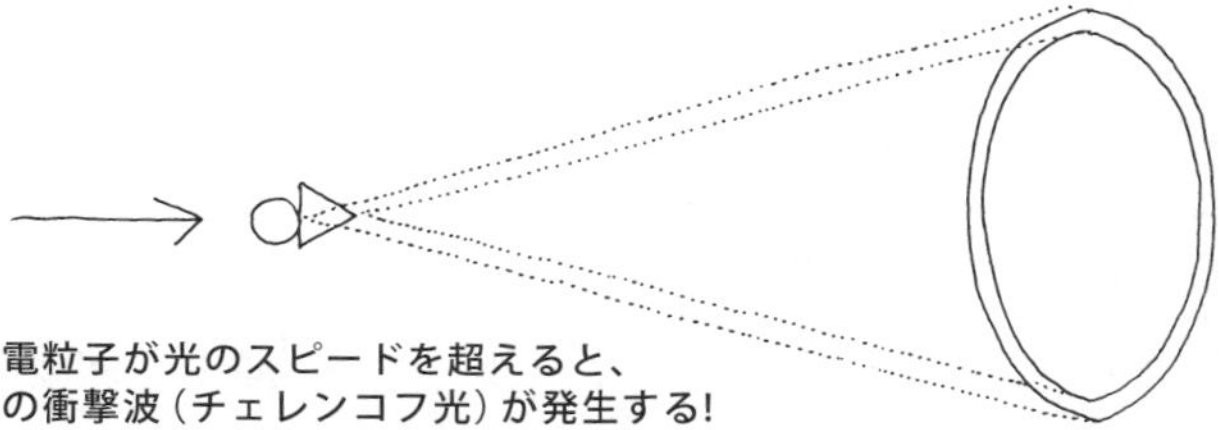

荷電粒子が光のスピードを超えると、
光の衝撃波（チェレンコフ光）が発生する！

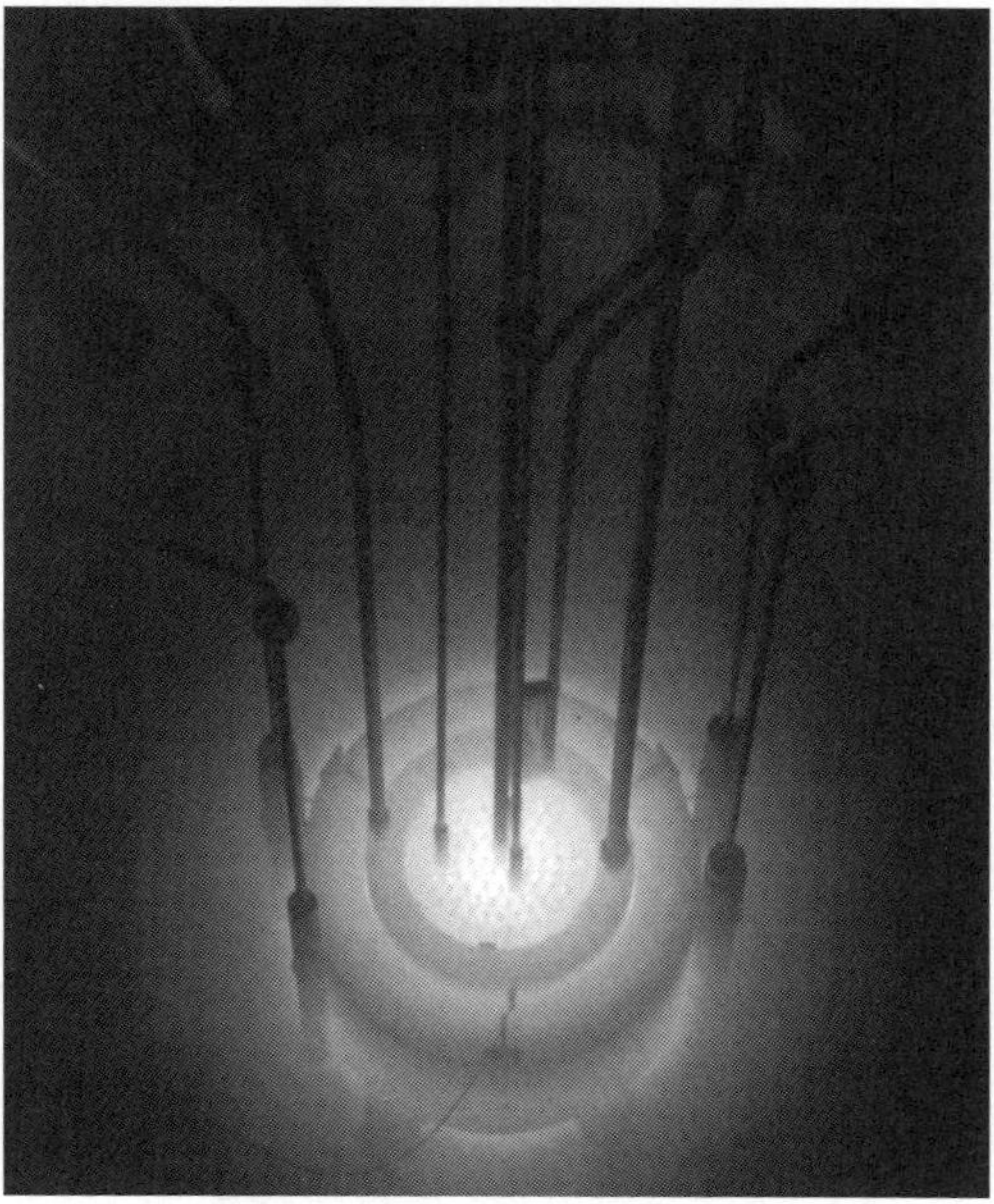

原子炉の青い光はチェレンコフ光

図31　カミオカンデ

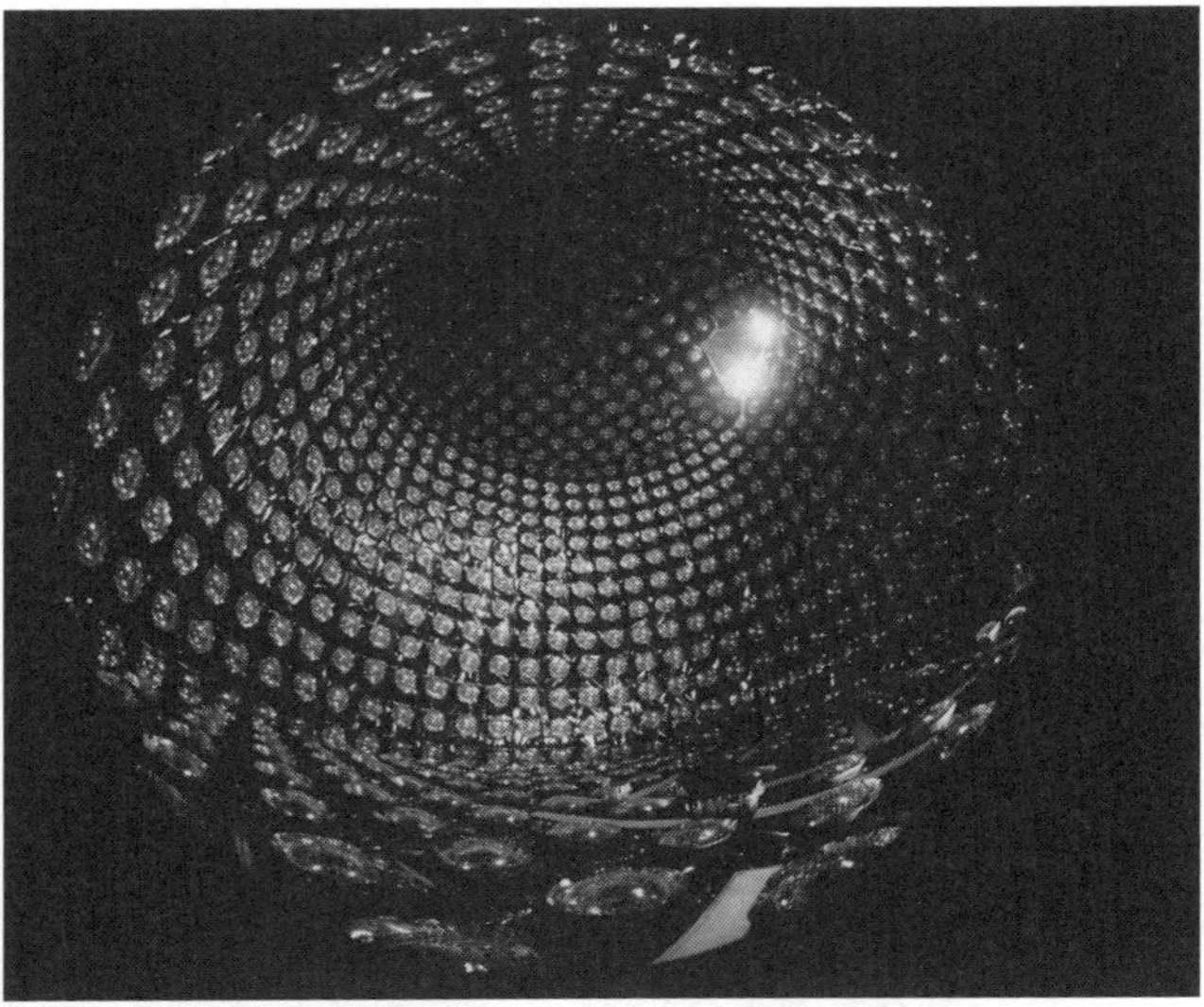

写真提供：東京大学 宇宙線研究所
神岡宇宙素粒子研究施設
（図32も）

3000トンの水を
1000本の光電子増倍管で囲む。

図31は、世界で初めて太陽以外の天体からのニュートリノを捕らえた水チェレンコフ検出器、カミオカンデです。これは、簡単に言ってしまえば、水のタンクです。3000t《トン》もの水を、ニュートリノに対する標的として用いています。そして、その標的で生じたチェレンコフ光を検出するのが、壁面いっぱいに取り付けられたつぶつぶのようなものです。これを拡大したのが、図32です。

電球のお化けのような姿をしていますね。これは、光電子増倍管と言って、光を（電気）信号に変える装置です。電球は電流を光に変えますから、ちょうど逆の働きをするものですね。人間と比較するとその巨大さがわかりますが、この直径20インチ（50㎝）の光電子増倍管は、前代未聞の代物で、カミオカンデを建設した東京大学宇宙線研究所が、浜松ホトニクスに特注で製造してもらった、ニュートリノを捕らえるために開発された、世界最大最高性能の光電子増倍管です。カミオカンデは、これを水タンクの壁面に1000本取り付けています。

図32　光電子増倍管

図30では、衝撃波は矢印の方向に出ていましたが、これは2次元の図ですので、実際の3次元の世界では、これを回転させた形、つまり、円錐状にチェレンコフ光が出ます（図33）。この円錐状のチェレンコフ光が壁面に当たると、壁面では丸い形となり、そのチェレンコフ光が当たった光電子増倍管が信号を出すのです。図33の下はその信号を受けた光電子増倍管をグラフィカルに描いたものですが、リング状になっているのが、ニュートリノの信号です。

ところで、このチェレンコフ光を生じさせているものは、ニュートリノそのものではなく、その反応で生じた荷電粒子（電子やミューオン）であることは、既にお話ししたとおりです。そして、このミューオンという粒子については、第1章で少し触れたことを思い出してください（39ページ）。そこでは、ミューオンは電子よりもコミュ力が低い——いえ、透過性が高い、とお話ししました。水タンクを通過する際に、この透過性の違いが、チェレンコフ光の形の違いを生みます。

図34を御覧ください。上がミューニュートリノの信号で、ミューオンは透過性が高く水中で真っ直ぐ進むためにチェレンコフ光による信号のリングは綺麗な形になっています。一方、下は電子ニュートリノの信号で、電子は水とよく反応しながら飛ぶため、信号のリン

図33　ニュートリノの信号

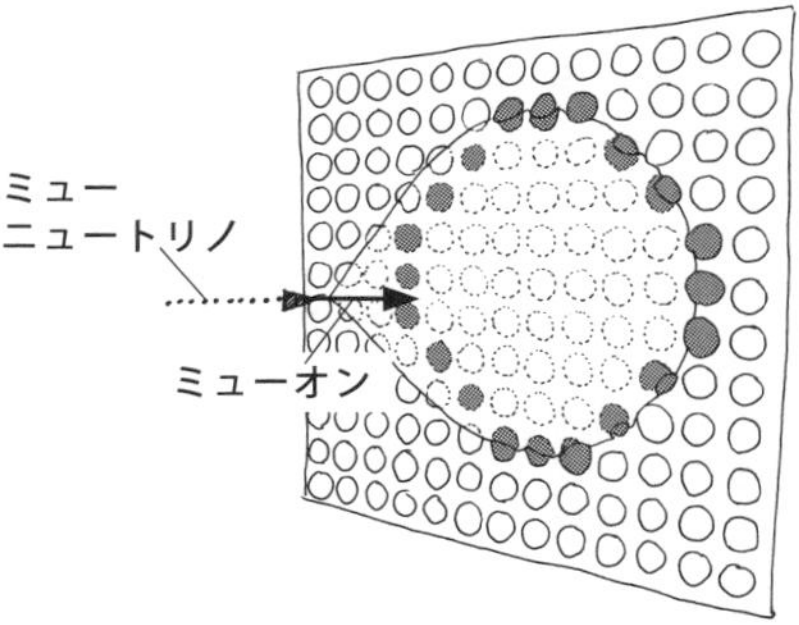

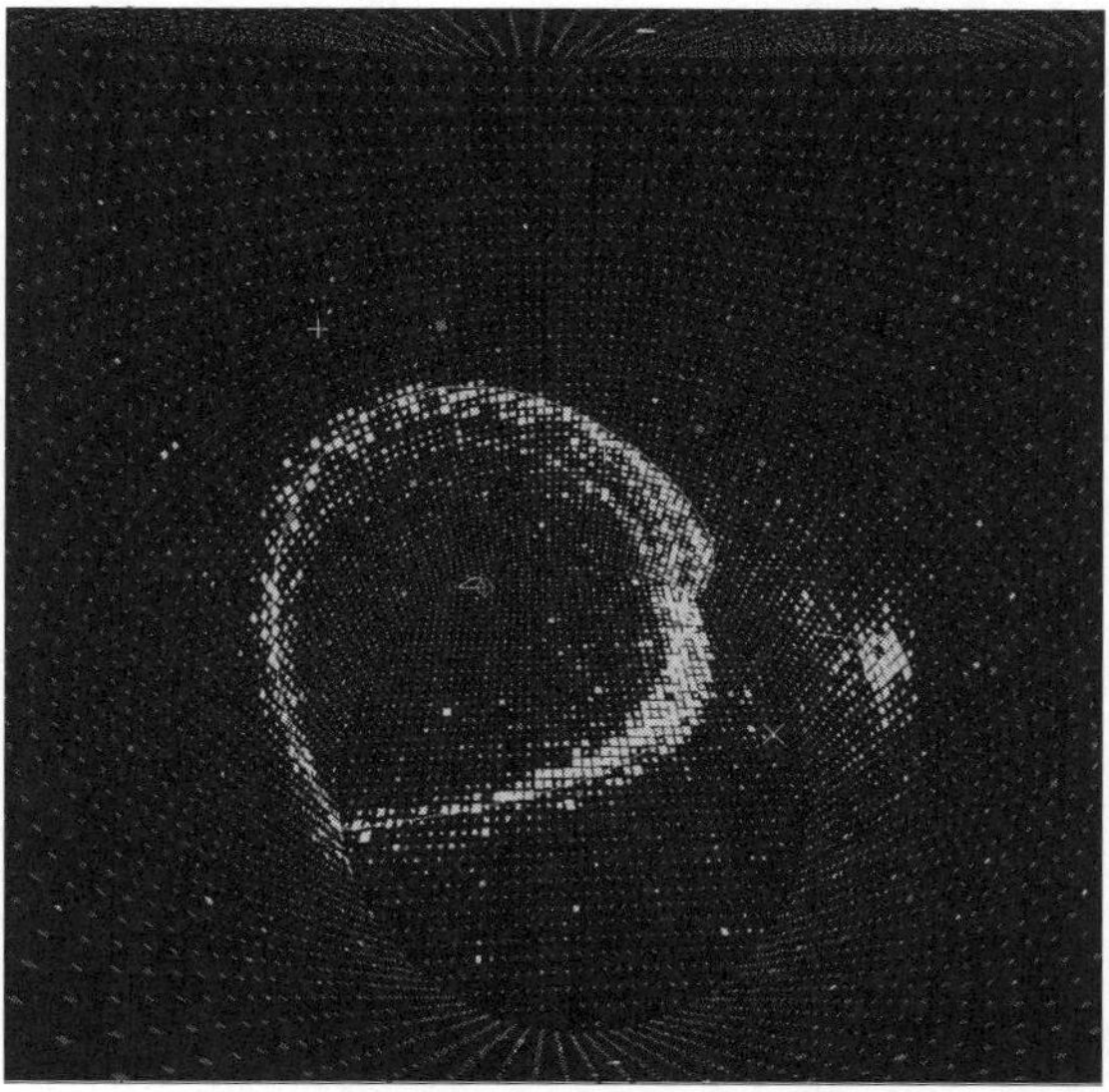

提供：東京大学 宇宙線研究所 神岡宇宙素粒子研究施設

グは崩れた形になってしまうのです。

皆さんは街中で配られているティッシュやチラシをよくもらったりしますか。僕は、なぜか、あれをもらったことがないのです。僕が受け取りを拒否しているわけではありませんよ。普通に歩いていても、僕の前後の人たちには配られるのに、僕にだけは配ってくれないのです。僕があまりに存在感が薄いからですかね……でもそのお蔭で、そういったものに邪魔されずに、自分のペースで、真っ直ぐに街中を歩くことができます。ミューオンのように。

先程、電子やミューオンを個別に識別できたならば、元のニュートリノが何であったのかを判別することが可能、と言いましたが、この水チェレンコフ検出器は、水中での電子とミューオンの動きの違いを利用して、電子ニュートリノとミューニュートリノとを区別して検出することができる、極めて優れた検出器なのです。

人間万事、塞翁が馬

ところで、このカミオカンデは、元々、Kamioka Nucleon Decay Experiment（神岡核子崩

図34　ミューニュートリノと電子ニュートリノの信号の違い

ニュートリノの種類によって
チェレンコフ光の形は異なる。

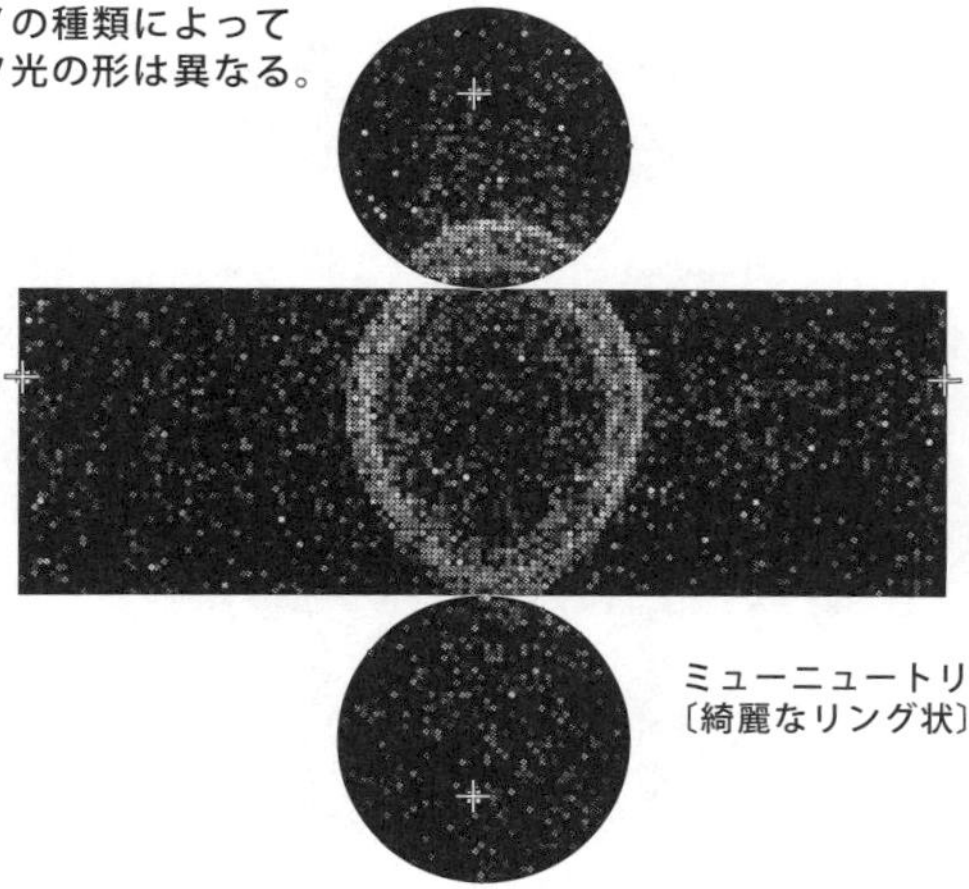

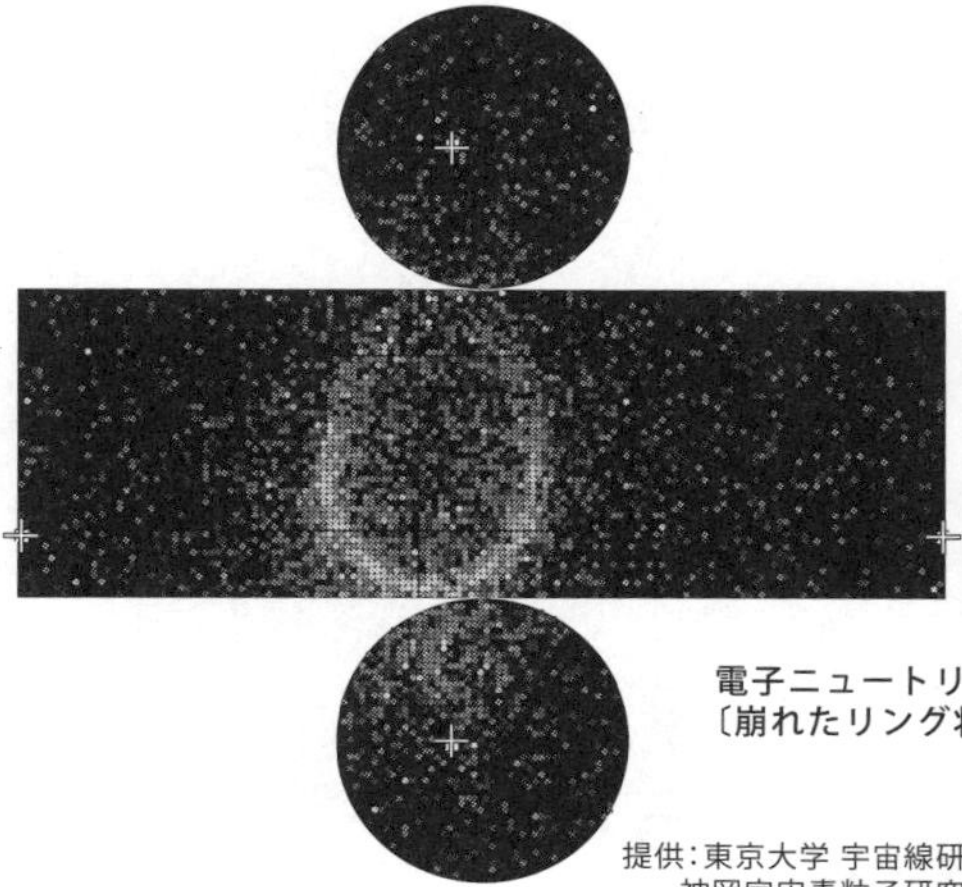

提供：東京大学 宇宙線研究所
神岡宇宙素粒子研究施設

壊実験）の略で、この名前が示す通り、ニュートリノとは関係のない、Nucleon Decay、つまり核子（陽子と中性子の総称）の崩壊を観測する実験のための施設でした。

物理学には大統一理論という理論があるのですが、それを検証するために、それが予言する陽子の崩壊を観測する目的で、カミオカンデはつくられました。大統一理論では、陽子に寿命があり、カミオカンデほどの大量の水（つまり陽子）を集めれば、陽子が崩壊する様子を捕らえることができるだろう、という目論見で、カミオカンデは建設されました。つまり、当初は、ニュートリノの検出器ではなかったのです。

カミオカンデは１９８３年に完成し、測定を開始しましたが、何年経とうが、一向に陽子の崩壊は観測されませんでした。理論家による陽子の寿命の予測が間違っていたのです——それも、何桁も。理論家はこういうことをよくやらかします。彼ら的にはそういうことをやらかしても「てへ♡」で済むのでしょうが、それを真に受けて実験を始めた実験家に取っては、これは大変なことなのです。

結局、カミオカンデでは陽子の崩壊は観測されず、実験は失敗に終わり、カミオカンデはその役割を終えようとしていました——そのとき！

１９８７年2月23日16時35分、大マゼラン星雲内で起こった超新星（ＳＮ１９８７Ａ）

図35　超新星！

1987.2.23　16:35　SN1987A

図36　カミオカンデが捕らえたSN1987Aのニュートリノの信号

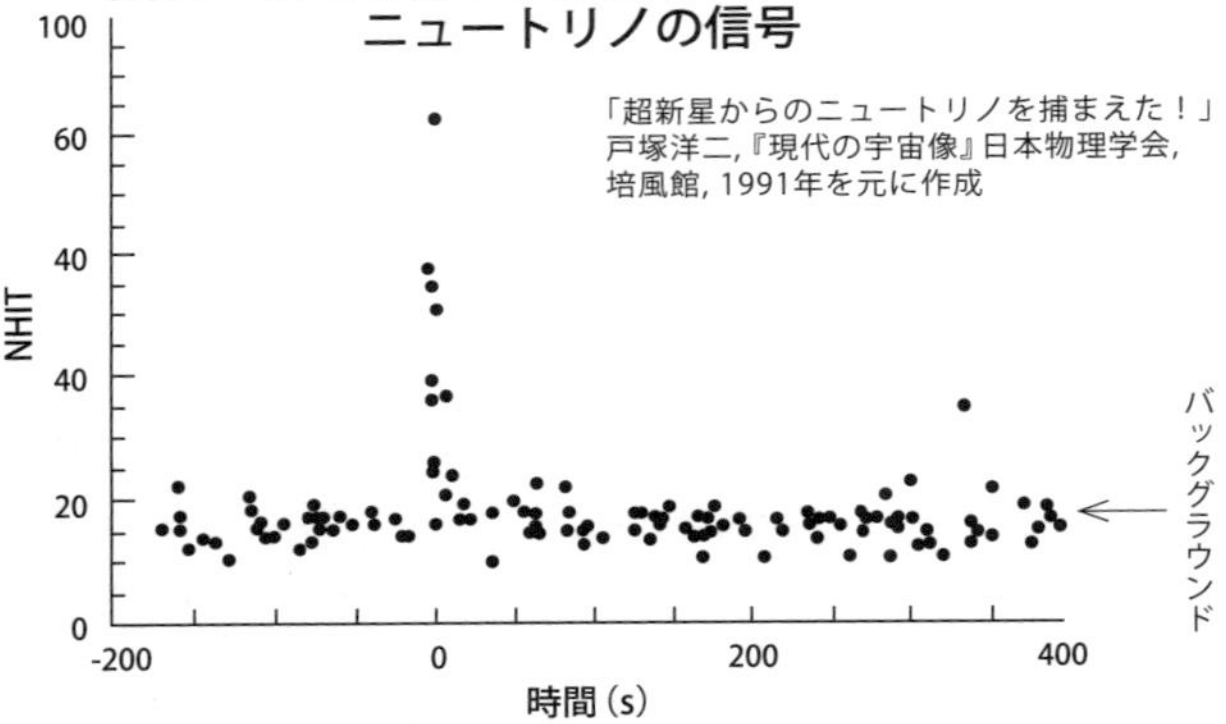

日本時間　1987年2月23日16時35分35秒（前後600秒間）

で発生し地球にやって来たニュートリノを、カミオカンデが捕らえたのです！

超新星とは、質量が大きな恒星が寿命を迎える際に起こす爆発のことで、このとき、大量の光と共に、大量のニュートリノも放出されます。その一部が地球にもやって来て、更にその中の極僅かなものが、カミオカンデと反応し、検出されたのです。

その際のデータが、図36です。

ここで重要なことは、11個の信号が、13秒間の間に集中していることです。超新星は、光としては数か月に亘って輝くのですが、ニュートリノとしては、爆発が起きた最初の10秒間ほどに集中して放出される、という理論的予測がありました。そして、この観測データは、その予測と完全に一致していたのです。それ以外にも、観測された個数やエネルギーから計算された、元々SN1987Aから放出されたニュートリノの全個数や全エネルギーは、超新星の理論的モデルと驚くほど合っていました。陽子の崩壊を捕らえることができなかったカミオカンデは、超新星のニュートリノを完璧な形で捕らえることに成功したのです。そしてこれは、人類が、電磁波以外の手段で天体を観測した、史上初の出来事となりました。

これにより、日本はニュートリノ研究の主役へと躍り出て、カミオカンデの実験グループを率いていた小柴先生は、この功績によりノーベル賞を受賞されました。今でもニュートリノ研究に於いて日本が世界をリードしているのも、そしてこの僕がニュートリノの研究をしているのも、この超新星の観測がその全ての始まりだったのです。

牡丹餅を得る努力をせよ

この出来事は、言ってしまえば、偶然の産物です。超新星が近くの天体で起こるかどうかなど、人間にはどうしようもないことですから。しかし、超新星が起こったことは偶然でも、そのニュートリノを捕らえることができたのは、偶然ではなく、必然だったのです。

陽子の崩壊を観測する実験が失敗に終わったとき、カミオカンデの研究グループは、せっかくつくったこの巨大な検出器を、別の実験に使えないかと考えました。そして、ニュートリノの検出に用いることを考えたのです。カミオカンデをニュートリノの検出器として利用するためには、2つの重要な改良が必要でした。

まずは、雑音の低減です。図36を御覧いただくと、「バックグラウンド」と書かれているのにお気付きになられるでしょう。実験装置というものは、必ず、雑音というものが信号に混じってしまうもので、本物の信号が雑音に埋もれてしまうようでは、検出などできませんから、この雑音のレベルを下げることが、検出器の感度、ひいては実験の成否の鍵を握るのです。陽子の崩壊の実験のときのカミオカンデでは、この雑音のレベルがずっと高く、そのままだと、このSN1987Aの信号は雑音に埋もれたままだったことでしょう。

雑音の元は、ニュートリノの反応によって出来たもの以外の荷電粒子、言わば放射線です。カミオカンデは、その名のとおり、神岡鉱山跡地の地中奥深くにありますが、その理由は、宇宙からの放射線（宇宙線）から検出器を遮蔽するためです。しかし、ニュートリノの微弱な信号以下に雑音を抑えるには、それだけでは足りません。他ならぬ標的の水の中にも、放射線を放つ放射性物質が含まれているからです。そこで、その水中の放射性物質を取り除き、標的の水を超純水にする努力が成されたのです。

そして同じく図36を御覧いただいて重要な点は、時間を追って正確に測定されていることです。先程お話ししましたように、超新星の観測で決め手となったのは、10秒間に全てのニュートリノが集中していることでした。そのためには、正確な時間分解能を持ったデータ収集システムが必要とされます。そのシステムの構築も、重要な改良点でした。

そして、それらの改良が完了した、まさにその直後に、この超新星は起こったのでした。

この超新星ＳＮ１９８７Ａの観測は、よく、棚から牡丹餅の出来事だと言われることがあります。確かにそうかもしれません。しかし、棚から牡丹餅が落ちてきた瞬間に、その棚の下にいる努力をしなければ、牡丹餅を得ることはできないという、とても大切なことを、このことは我々に教えてくれるのです。

世界最高のニュートリノ検出器スーパーカミオカンデ

この偉大な成果によって、水チェレンコフ検出器を用いたニュートリノ物理学の道が開かれました。カミオカンデは、

Kamioka **N**ucleon **D**ecay **E**xperiment（神岡核子崩壊実験）から、

Kamioka **N**eutrino **D**etection **E**xperiment（神岡ニュートリノ検出実験）

図37　スーパーカミオカンデ！

写真提供：東京大学　宇宙線研究所　神岡宇宙素粒子研究施設（図38も）

図38　5万トンの巨大タンク

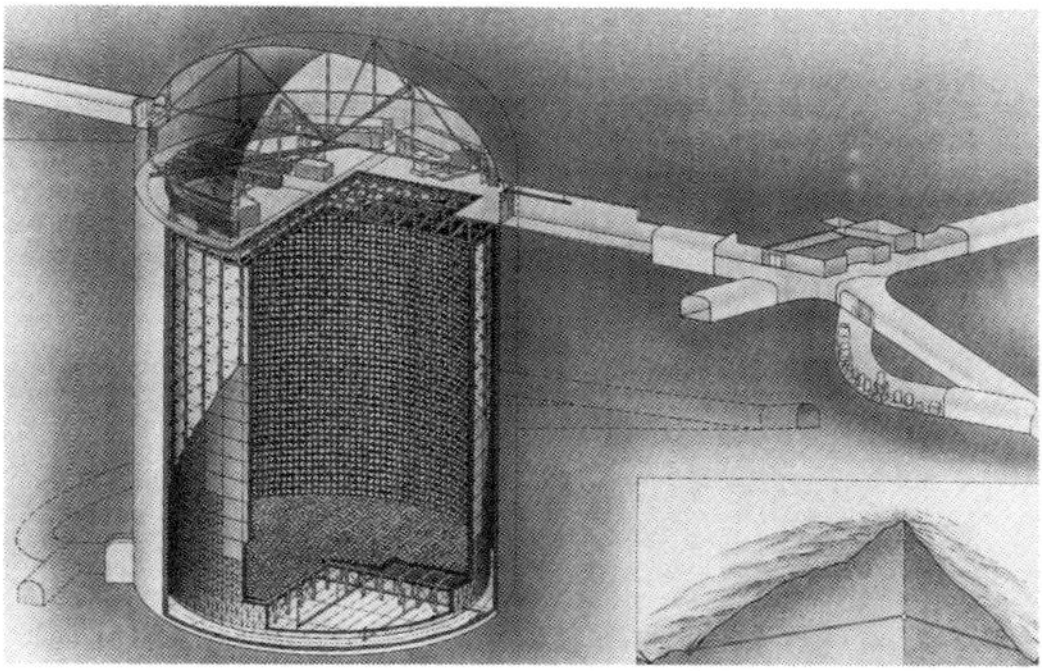

大きさはカミオカンデの17倍

へと生まれ変わったのです。

そして、その規模を拡大し、より検出の感度を上げた検出器、スーパーカミオカンデが建設されました。

直径40ｍ、高さ40ｍの巨大なタンクに50000ｔの超純水を湛え、10000本の光電子増倍管で囲まれたこの世界最大の水チェレンコフ検出器は、1996年から稼働し始めましたが、現時点でも尚、世界最高のニュートリノ検出器の座に君臨しています。

それでは、次章では、そのスーパーカミオカンデによって発見された驚くべき現象についてお話ししましょう。

第4章 ニュートリノ振動

中間子

また少し脇道に逸れてしまうのですが、ここで、色荷というものを思い出してみてください。色荷は、強い力が作用する荷量でしたね。電磁力に於ける電荷に相当するものです。そして、電荷が＋と－の2種類なのに対して、色荷は3種類（反物質も含めると6種類）とのことでした（36ページ）。

では、そもそもなぜ物理学者は「色荷」などという名前を付けたのでしょうか。クォークに実際に色がついているわけではありません。これには以下のような理由があるのです。クォークは、3つ合わさって陽子や中性子などの核子を構成します。この場合、各クォークの色は、赤・青・緑の3色が揃っています。

一方で、我々人類は、クォークを単独で観測することができません。その理由付けとして、「人間の目は白黒テレビしか観ることができない」との説明をするのです。若い方は「白黒テレビ」と言っても何のことか御存じないでしょうが、その昔、テレビが登場したときには、色がついておらず、明るさだけで（白黒の濃淡だけで）画像を表示していたのです。クォークは単独では色がついていますから、白と黒しか観ることができない我々は、それを観測することができませんが、核子のように赤・青・緑の3色が重なると、白にな

図39　クォークの観測

クォークは単独では
取り出せない。
観測できない。

りますから、我々も観測することができるのだ、という説明です。この喩えのために強い力の荷量を色で表現したのです。

一方、電荷には、＋と－の2種類あり、粒子と反粒子の反転の際にこの符号が反転しましたが、色荷にもこの反転したものがあり、赤・青・緑に対して、それぞれ、反赤・反青・反緑と呼びます。何ともスマートでない呼び方ですね。赤・青・緑はクォークが持つ荷量なのに対して、反赤・反青・反緑は反クォークが持つ荷量であり、電荷の＋と－のように反転したものであって、互いに打ち消し合うものです。反赤・反青・反緑も3つ重なれば白くなり、例えば反クォークが3つ集まって出来た反陽子などを、我々は観測できます。

さて、そう考えると、クォークを「観る」方法は、もうひとつあることにお気付きでしょうか。白黒テレビでは、白だけでなく、黒も観ることができますよね。例えば、赤のクォークと反赤のクォークが重なれば、打ち消し合って色が消え、黒くなり、我々は観測することができるのです（赤と反赤とを重ねた場合を「白」と表現する物理学者が多いのですが、僕は、打ち消し合うのですから、「黒」のほうが適切だと思います）。

このように、クォークと反クォークがペアになっていれば、それは我々にも観測できる粒子と成り得るのです。これを、「中間子（meson：メソン）」と呼びます。核子同士の衝突の際に生じるのですが、3色揃った核子と違い、不安定で、寿命がとても短いのが特徴です。

π《パイ》中間子

クォークと反クォークのペアというと、対消滅を起こしてしまいそうですが、例えば、アップクォークと反ダウンクォークのペアであれば、種類が異なるので対消滅は起こしません。このアップクォークと反ダウンクォークのペアによって構成された粒子のことをπ^+《パイプラス》中間子と呼びます。では、このπ^+中間子について、少し詳しく見ていきましょう。

図40　白黒テレビ

我々人間は
白黒テレビしか見ることができない。

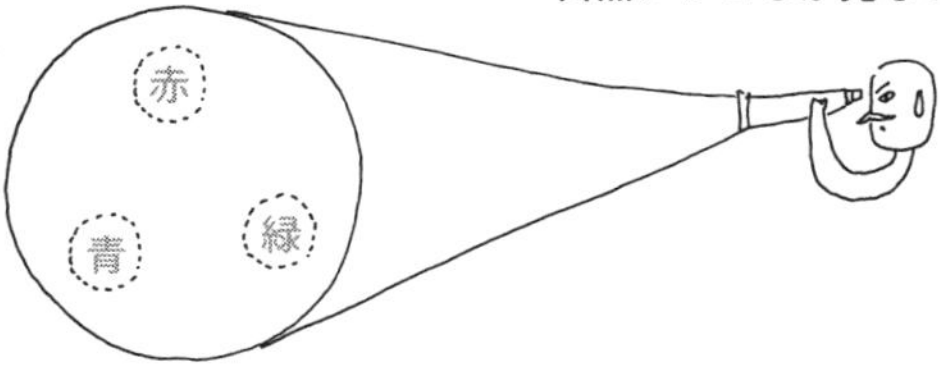

カラーが認識できない。
だから、クォークの赤、青、緑の単色は
観測できず、合わせて「白」になるか、
「黒」にならないとわからない。

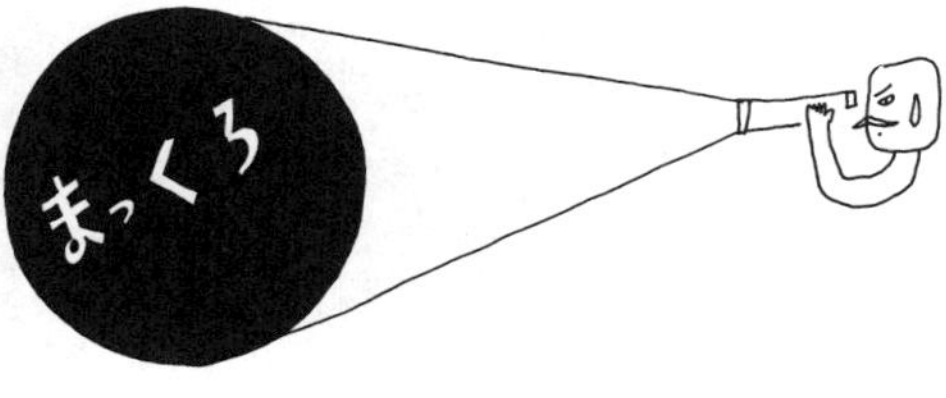

このπ⁺中間子は、26n《ナノ》秒ほどの寿命で壊れてしまいます。壊れて、反ミューオン（+μ）とミューニュートリノ（+νμ）になります。

$$\pi^+ \rightarrow (+\mu) + (+\nu\mu)$$

ここで仮にアップクォークを（+u）、反ダウンクォークを（-d）と書くと（ダウンクォークは元々負の電荷を持っているので、こう書くのはあまり適切ではありませんが、ここでは、反粒子であることを強調してこう書きます）、この反応式は、

$$(+u) + (-d) \rightarrow (+\mu) + (+\nu\mu)$$

と書けます。せっかくですから、この反応式を、これまでにお話ししたことの応用だと思って、多少無理はありますが、弄《いじ》ってみましょう。

第3章では、中性子とミューニュートリノとの反応を御紹介しました（83ページ）。

n + (+νμ) → p + (-μ)

また、第1章では、中性子の崩壊の反応で、中性子から陽子へと変わる際に、実質的には、中のダウンクォーク1つがアップクォーク1つに変わっているだけだ、ということもお話ししました（47ページ）。今回も、中性子と陽子の反応で、それらの中身をクォークで書くと、

(+u) + (+d) + (+d) + (+νμ) → (+u) + (+u) + (+d) + (-μ)

ですから、中のクォークに注目してみると、ダウンクォーク（+d）1つがアップクォーク（+u）1つに変わっただけですから、それ以外のクォークを省略すると、

(+d) + (+νμ) → (+u) + (-μ)

とシンプルになります。ここで、例によって数式のように、ミューオン（$-\mu$）を左辺に、ダウンクォーク（+d）を右辺に移項すると、符号が反転して、

$$(+\mu) + (+\nu_\mu) \rightarrow (+u) + (-d)$$

となり、左辺と右辺を入れ替えると、

$$(+u) + (-d) \rightarrow (+\mu) + (+\nu_\mu)$$

となり、あら不思議、π^+中間子が壊れる反応となるのです。とても強引な感じで進めましたが、この遊びで粒子の生成や消滅に興味を持たれた方が、教科書でちゃんと勉強しようという気持ちになられることを願って書いてみました。

核子同士の衝突で発生するのはπ^+中間子だけではなく、その反粒子であるπ^-中間子も同時に生成します。π^-中間子はπ^+中間子の中のクォークを反転させたもので、反アップクォークとダウンクォークから出来ています。壊れた結果生ずる粒子も、反転させたものとなり、

ミューオンと反ミューニュートリノが生じます。

$$\pi^- \rightarrow (-\mu) + (-\nu\mu)$$

例によって随分と脇道に逸れてしまいましたが、ニュートリノに話を戻しましょう。

大気ニュートリノ

π中間子は核子同士の衝突によって生成しますので、人工的にニュートリノを生成するには最適の手段です。我々の実験施設であるJ－PARCでも、陽子を加速して標的（グラファイト）に衝突させ、そこで発生するπ中間子を崩壊させることでニュートリノを生成しています。しかも、この方法だと、ミューニュートリノも反ミューニュートリノも両方つくることができます。この人工ミューニュートリノ（あるいは人工反ミューニュートリノ）をスーパーカミオカンデに撃ち込んで実験を行っているのです（J－PARCで如何にしてニュートリノをつくっているのか、については、拙著『すごい実験』を御覧ください）。

そして、この現象は、人工的なもの以外に、自然界でも起こっています。

宇宙では、様々な粒子が高速で飛び回っています。これらは要するに放射線で、人体には悪い影響を与えるものなのですが、我々がそれをほとんど気にせず日々を暮らしていけるのは、地球を覆う大気のお蔭なのです。大気が、これら宇宙からやって来る粒子（宇宙線）を防いでくれているからなのです。

よく、飛行機に乗ると多くの放射線を浴びると言いますが、旅客機が飛行する高度10000mでは、地上に比べて100倍も放射線量が高いのです。放射線量が高いのは、大気の層が薄いところを飛行しているので、大気が守ってくれないからですが、大気が遮断してくれないで浴びてしまう放射線は、宇宙から直接飛来した宇宙線そのものよりも、その宇宙線が大気と衝突することで新たに発生した粒子からの影響のほうが多いです。そう、大気が宇宙線を遮断するというのは、つまり、大気を構成する分子（の中の原子核）が、宇宙線と衝突する、ということを意味しています。ですから、その衝突の際に、様々な粒子が新たに生まれるのです。π中間子も、そのひとつです（図41）。

先程お話しした通り、π中間子は極めて短い寿命で壊れ、ミューオンとミューニュート

図41　大気ニュートリノの生成

大気ニュートリノ：太陽から飛んできた陽子が、
地球の大気に衝突してできるニュートリノ。

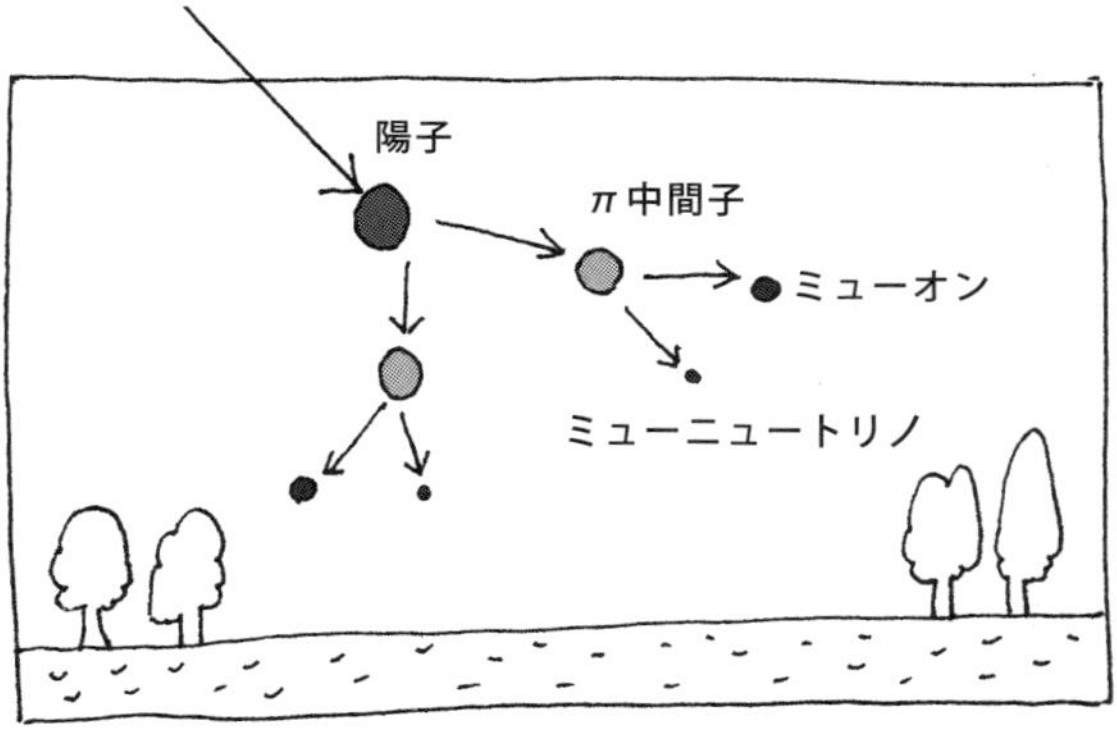

リノになりますから、つまり、常時、大気では二ュートリノがつくられ、地上に降り注いでいることになるのです。これを「大気ニュートリノ」と呼びます。太陽から来る太陽ニュートリノが電子ニュートリノであるのに対して、こうしてつくられた大気ニュートリノはミューニュートリノになるわけですね。

全方向から降り注ぐニュートリノ

スーパーカミオカンデでは、その稼働開始以来、この大気ニュートリノの観測も続けてきました。大気というと、我々は頭上のものばかり意識しがちですが、地球上の全ての場所に大気は満遍なく分布していま

図42　世界中の大気で生成されたニュートリノを集める

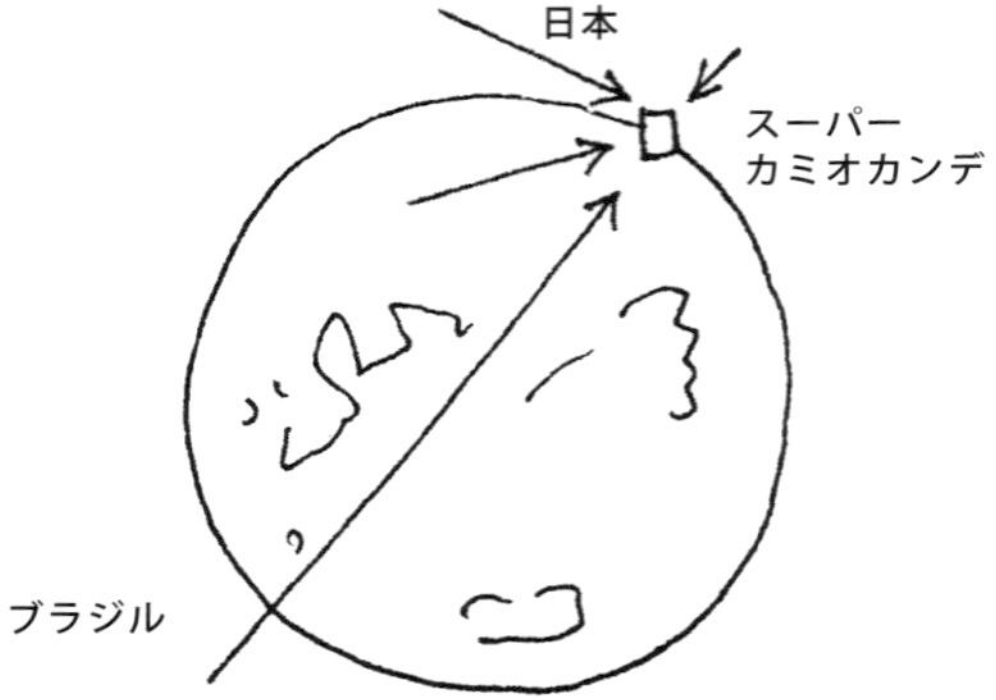

すから、世界中で大気ニュートリノがつくられ、そしてそれら全てがスーパーカミオカンデへと降り注ぎます。足許には巨大な地球がありますが、第1章でお話ししたとおり、ニュートリノに取っては、地球などないも同然ですから、何もない空間にスーパーカミオカンデが浮いているが如く、日本の大気でつくられたニュートリノも、ヨーロッパの大気でつくられたニュートリノも、ブラジルの大気でつくられたニュートリノも、等しくスーパーカミオカンデに降り注ぐわけです。

ところが、スーパーカミオカンデが観測を続けていくうちに、実験グループはおかしなことに気付いたのです。頭上、即ち日本上空の大気からやって来たニュートリノと、足許、即ちブラジル上空の大気からやって来たニュートリノとでは、数が大きく違っていたのです。足許からやって来るニュートリノのほうが、有意に数が少なかったのです。

これが他の粒子であれば、足許からやって来たほうは地球と反応して数が減ったのだ、と言えるのですが、ニュートリノが地球と反応して減る量は、50億分の1だとお話ししたとおりです。ですから、間に地球があることはまるで問題になりません。違いがあるとすれば、スーパーカミオカンデまでの飛行距離です。頭上のニュートリノは数km程度飛んですぐに観測されますが、足許のニュートリノは、地球の直径分、１３０００km も飛んでから観測されます。つまり、この観測結果は、地球のような他の物質と反応する以外に、飛行中に何らかの作用によって、ニュートリノ（ミューニュートリノ）が減少するメカニズムが存在する、ということを意味しているのです。

未知の現象によって、現場は混乱したでしょうか。「Нет《ニェート》」であります。

この現象を説明する理論は、実は、スーパーカミオカンデによる観測よりも30年以上前に、既に発表されていたのです。

ニュートリノ振動理論

1962年、坂田昌一・牧二郎・中川昌美の3人の先生方によって、「ニュートリノ振動理論」が提唱されました。これは、電子ニュートリノ・ミューニュートリノ・タウニュートリノの3種類のニュートリノが、ある条件を満たすならば、お互いに変化し合う、という理論です。例えば、大気中で生成したミューニュートリノが、飛行中にタウニュートリノに変わる、という現象が起きるというのです。

素粒子の種類が変わるというのは、ある意味衝撃的な話です。もちろん、他の粒子と反応すれば変化を起こすのはこれまで見てきたとおりですが、そうではなくて、単独で、しかも時間と共に、別の素粒子へと変化していく現象というのは、それまで人類が構築してきた物理学の理論体系からはみ出す現象です。

第1章で、皆さんが明日の朝起きたときに自分の左腕がなくなっていることを心配しなくてよいのは、皆さんの身体を構成している粒子が安定しているからだ、ということをお話ししましたが、殊、ニュートリノに関しては、明日の朝どころか、みるみるうちに別のものに変わっていく、というのです。これが本当であれば確かに衝撃的です。

「ある条件」というのは後程御説明するとして、では、この理論どおりであれば、スーパー

図43　スーパーカミオカンデで観測されたニュートリノ

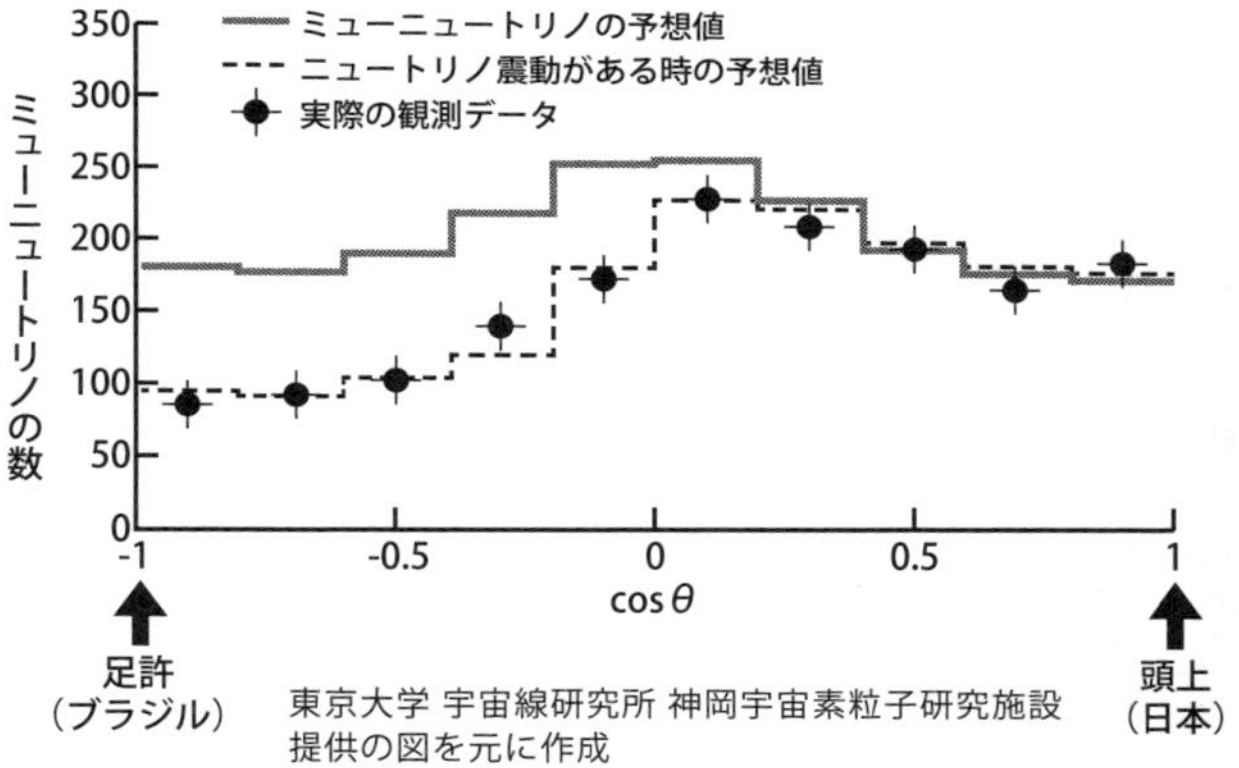

東京大学 宇宙線研究所 神岡宇宙素粒子研究施設提供の図を元に作成

カミオカンデで観測された現象が説明できるのでしょうか。図43を御覧ください。

この図は、ある期間中のスーパーカミオカンデでの大気ニュートリノの観測結果と、理論予測値を重ねたものです。縦軸が捕らえたニュートリノの数で、横軸がスーパーカミオカンデから見た角度です。「1」というのが頭上（日本上空）からやって来たニュートリノを示し、「-1」というのが足許（ブラジル上空）からやって来たニュートリノを示します。

実線が、ニュートリノ振動が起こらなかった場合の予想値です。ニュートリノ振動が起こらない、つまりニュートリノに変化がないわけですから、日本からも、ブラジルからも、同じ数のミューニュートリノがやって来て、同じ数（この図だとそれぞれ１８０個ずつ）だけ観測されることになります。中央附近で盛り上がっているのは、水平方向だと、宇宙線が通過する大気の層が実質的に厚くなるからで、その分多くの粒子がつくられることを意味しています。

一方、点線は、ニュートリノ振動理論通りの現象が起こった場合の予想値を表わしています。足許側がグレーの線よりも大幅に減っていることがわかります。これがニュートリノ振動とどう関係があるのでしょうか。

ここでは、ミューニュートリノの検出効率はどちらから来たものでも同じですので、話を簡単にするためにこれを無視する（全て検出できるとする）と、日本とブラジルでそれぞれ同数の１８０個のミューニュートリノがつくられた場合に、日本からのものはすぐにスーパーカミオカンデに到達するので他のニュートリノに変化する間もなく捕らえられ、１８０個ほぼ全てがミューニュートリノとして観測され、ブラジルからのものは１８０個つくられていても、１３０００㎞もの距離を飛行する間に、例えば90個がタウニュートリノに変化して、ミューニュートリノのままでいられたのは90個だけであろう、ということを意味しています。第3章（82ページ）でお話ししたとおり、タウオンは重いために生成するのは大変なので（膨大なエネルギーが必要なので）、スーパーカミオカンデの水槽に入ったタウニュートリノはタウオンを生成できず、ミューニュートリノ90個分の信号だけが観測されるだろう、というわけです。

そして、◆が、実際の観測結果を表わしています。どうでしょうか。点線にぴったりと一致していると思いませんか。つまりこの観測結果は、ニュートリノ振動が実際に起きていることを明確に示しているのです！　坂田先生・牧先生・中川先生の理論が、30年の時を経て、正しかったことが証明されたのです。

この偉大な世紀の発見を以て、このスーパーカミオカンデの実験グループを率いた梶田先生はノーベル賞を受賞されたのです。

ノーベル賞受賞の際の日本での報道を拝見していると、「ニュートリノに質量があることがわかった」とそのことばかり強調され、だから何なのかということがさっぱりでしたが、実は、質量があるかどうかは言わば副産物のようなもので、本質的に重要なことは、ニュートリノが、時間と共に他の種類のニュートリノへと変化する、ということなのです。

それでは、先程お話しした、ニュートリノ振動を起こす「ある条件」について御説明致しましょう。

まずひとつは、3種類のニュートリノが、お互いに「混じり合っている」ことです。「混じり合っている」というのは、非常にわかり難い概念です。つまり、中性子と陽子のように、同じ種類の粒子で構成されている、ということなのでしょうか。それは違います。というのは、ニュートリノは素粒子ですので、その中の構造はなく、何かもっと細かい粒子が集まって出来ているわけではないからです。

これを理解するためには、量子力学に於ける、粒子と波の二重性について触れなければなりません。またまた横道に逸れてしまいますが、ちょこっとだけですので、どうか御容赦を。

シュレディンガーの猫

粒子は、波としての性質を持ち、一点に集まった質点ではなく、空間的に広がりを持った波のように振る舞います。これはどんな物体に対しても言えることなのですが、ちぃさければちぃさいほどこの効果が大きいので、我々が目にする世界ではこれを意識することはなく、逆に素粒子の世界では非常に顕著になります。

皆さんは「シュレディンガーの猫」の話を耳にされたことはありますでしょうか。この世のあらゆるものの存在や振る舞いは、確率論的にしか論じられない、ということを、思考実験で説明したもので、エスタライヒの物理学者であるエルヴィン・シュレディンガーが考え出しました。

ある蓋が付いた箱の中に、1匹の猫と、1つの装置を入れます。この装置には、放射性の原子（なんと、原子1個だけ！）と放射線測定器と青酸ガスの発生器が仕込まれており、放射性の原子が放射線を出すと、測定器がそれを感知し、青酸ガス発生器を作動させ、猫を殺してしまう、という仕組みになっています。放射性の原子がいつ崩壊するかは全く確率的なもので、たくさん集めて平均化すれば猫が死ぬ時間もわかるのですが、1個の原子であれば、いつかはわかりません。ある時間で猫が生きているか死んでいるかは確率的なものに過ぎず、この確率を時間の関数で表わすことはできるのですが、では実際にある時間で箱の蓋を開けて猫の状態を確認した場合には、37．2％死んでいます、などということは有り得ず、生きているか、死んでいるかの、2通りしかない、という話です。

しかし、シュレディンガーは猫に何か恨みでもあったのでしょうか。僕の知り合いには猫好きな人が多いので、猫を○す喩え話などすると、この本を買ってもらえそうにありません。ですから、ここでは、猫を○さずに、別の喩えとしておきましょう。

この猫は化け猫です。しかし、人間に姿を見られてしまうとその後の生活に支障を来《きた》すので、人間が見ているときは、必ず、猫に姿を変えます。人間は、決して、この化け猫の本当の姿を見ることができません。そして、この猫は、白猫か黒猫か、どちらかに姿を変えますが、どちらになるかは、完全に猫の気紛れです。猫の姿を維持するのはそれなりに面倒ですので、普段はありのままの姿でいて、人の視線が向けられた瞬間に白猫か黒猫かどちらかの姿に変身します。ちょうど、普段部屋の中で真っ裸で過ごしておられる皆さんが、宅配便の人が訪問した瞬間に服を着るようなものです。

箱の蓋を開けた瞬間、猫が白猫の姿であるか黒猫の姿であるかは、まさに猫のみぞ知る、ですが、もし猫の気持ちを解析することができれば、どのタイミングで蓋を開ければ黒猫である確率がどれくらいであるかは予測できます。しかし、白猫や黒猫の姿は人間を欺く仮の姿ですので、猫の本当の気持ちを知るには、人間には見ることができない、蓋を閉めた箱の中の真の姿を対象にして解析しなければならないのです。白猫や黒猫は我々が実際に観測することができる結果、つまり粒子なのですが、実際にその確率を計算すべき対象は箱の中での真の姿、猫の波（波動関数）なのです。

図44　シュレディンガーの猫

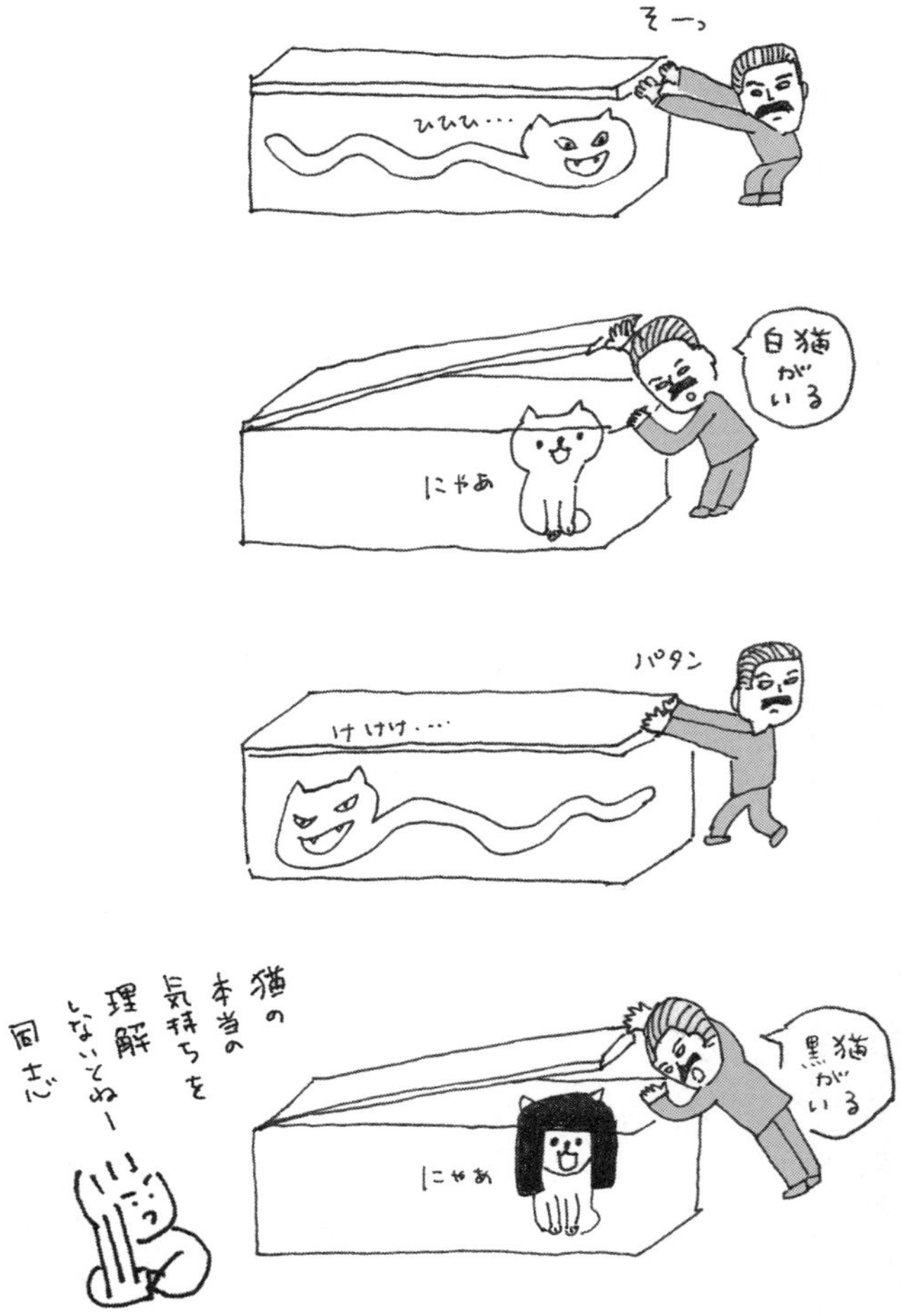

この思考実験の対象はどんな生き物でもよかったのですが、猫を選んだところは慧眼ですね。粒子は、猫のように気紛れに振る舞うのです。要は、その捕らえ処のない猫粒子の行動を解析するために、物理学者は、猫波（波動関数）として扱うことにした、というわけなのです。

ところで猫はヨーロッパでもシュレディンガー以外には愛されていて、よく喩え話にも登場します。自然科学というもの、そしてそれを途方もない時間と手間をかけて数え切れないほどの試行錯誤を繰り返しながら築き上げた先人たちに、深い敬意を示す言葉として、こういうものがあります。

「科学とは、真っ暗な部屋の中で、目隠しをしながら、黒猫を探すようなものだ」

僕はこの言葉を大変気に入っております。そしてその言葉には以下のような続きがあります。

「哲学とは、真っ暗な部屋の中で、目隠しをしながら、そこにいるはずのない黒猫を探すようなものだ。

そしてスターリン（イオシフ・ヴィサリオノヴィチ・ジュガシヴィリ）の言う弁証法的唯物論とは、真っ暗な部屋の中で、目隠しをしながら、そこにいるはずのない黒猫を探している途中で、突然、『猫がいたぞ！』と叫ぶようなものだ」。

波の重ね合わせ

さて、波と言えば、世の中にはたくさん溢れていますが、例えばここでは楽器の音で考えてみましょう。皆さんは、同じ高さ（同じ波長）の音であっても、ギターの音とピアノの音を聴き分けられますよね。それはなぜかというと、音色（波形）が違うからです。

次ページの図45は、ギターとピアノの同じ音の高さ（４４０Hz）での波形ですが、随分違いますね。なぜこれほどまでに異なるのかというと、簡単に言えば音を出している楽器の形状が異なるからです。ギターもピアノも同じ鉄の線を振動させて音を出しているものの、それを反響させているボディの形状が大きく異なるために、鉄線の長さによって決まる基本周波数の波以外に、ボディの振動がつくり出す様々な周波数の波が重なり合って、全体として複雑な形状の波形となっているのです（また、鉄線自体も、基本周波数だけで振動しているわけではありません）。模式化すると、図46のように、基本的な波形の複数の波が重なり合って、ギターやピアノの音をつくり出しているというわけです。ギターとピアノで波形が異なるのは、これらの基本的な波が重なる際の割合が異なるからです。

図45　ギターとピアノの音の波形

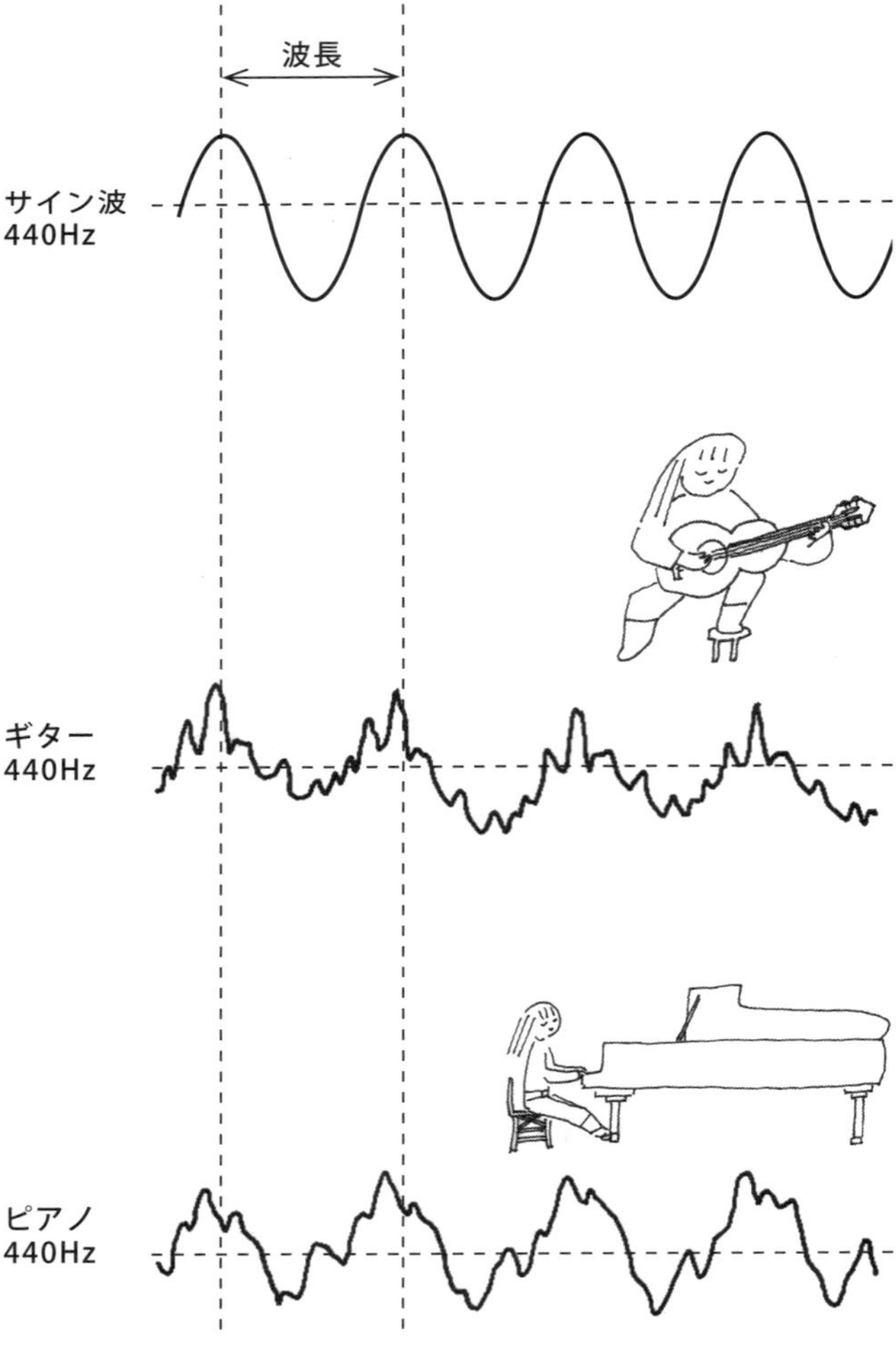

図46　楽器のボディの様々な周波数

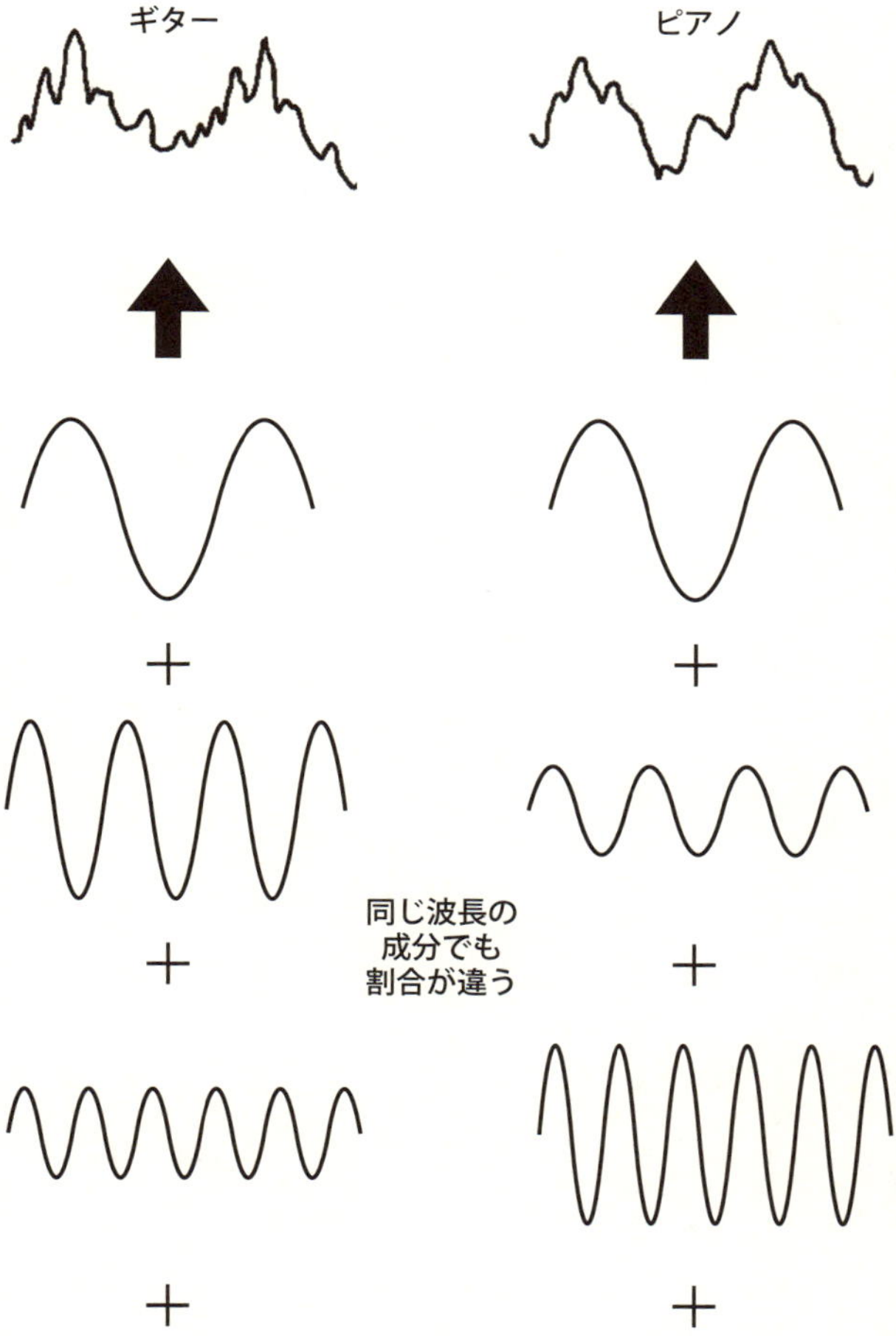

しかし、これは波形を分析する装置を使えば分離することはできますが、実際に我々が耳にする音は、あくまでも、ギターの音やピアノの音であって、ギターのどの部分が振動している音か、などと分けて聴いているわけではありません。素粒子も、複数の波が重ね合わさっているからといって、複数の粒子から出来ているわけではなく、重なり合った結果出来上がった合成波だけが、我々が観測できる粒子となるのです。

ニュートリノの3種類の波

ニュートリノに話を戻すと、ニュートリノ振動理論では、ニュートリノは、やはり複数の波の重なり合ったものとして表現できます。どのニュートリノも、ν_1・ν_2・ν_3という3種類の波が重なったものなのですが、では、ν_e・ν_μ・ν_τといった種類の違いはどこから来るのかというと、ν_1・ν_2・ν_3それぞれの成分の割合が違うことに由来しているのです。ν_1・ν_2・ν_3それぞれの成分がどれくらいずつの割合で混じっているのか、それを示すのが、「PMNS行列」と呼ばれるものを用いた行列式です。PMNSとは、ポンテコルヴォ・牧・中川・坂田の略です。先程の3先生方と、ニュートリノ振動のアイディアの元となった理論を考え出したイタリアの物理学者ブルーノ・ポンテコルヴォのイニシャルを取っています。僕は一般の方々対象の講演では数式をできるだけ避けるという観点から、この行列式を御紹介することはまずないのですが、今回は、数式嫌いの人の頭を傷めつけるために、敢えて載せてみましょう。

$$\begin{bmatrix} \nu_e \\ \nu_\mu \\ \nu_\tau \end{bmatrix} = \begin{bmatrix} 1 & 0 & 0 \\ 0 & \cos\theta_{23} & \sin\theta_{23} \\ 0 & -\sin\theta_{23} & \cos\theta_{23} \end{bmatrix} \begin{bmatrix} \cos\theta_{13} & 0 & \sin\theta_{13}e^{-i\delta} \\ 0 & 1 & 0 \\ -\sin\theta_{13}e^{i\delta} & 0 & \cos\theta_{13} \end{bmatrix} \begin{bmatrix} \cos\theta_{12} & \sin\theta_{12} & 0 \\ -\sin\theta_{12} & \cos\theta_{12} & 0 \\ 0 & 0 & 1 \end{bmatrix} \begin{bmatrix} \nu_1 \\ \nu_2 \\ \nu_3 \end{bmatrix}$$

ここまでで物理学に少し興味を持ってくださった方々も、これでまた物理学が嫌いになられたかもしれませんね。ここで重要なのは、ν_e・ν_μ・ν_τの3種類のニュートリノが、ν_1・ν_2・ν_3の3種類の波の成分が混じり合ったものから出来ており、それぞれの違いはそれらの成分の割合の違いであり、また、我々が粒子として観測するものはあくまでもν_e・ν_μ・ν_τであって、ν_1・ν_2・ν_3ではない、ということです。ν_1・ν_2・ν_3は真の姿である猫波ではありますが、実際に我々が目にするのはν_e・ν_μ・ν_τといった白猫・黒猫だけなのです。

さて、この式には4つのパラメーターがあります。θ_{12}《シータ》・θ_{23}・θ_{13}という3つの「混合角(mixing angle)」と、δ《デルタ》です。θ_{12}・θ_{23}・θ_{13}は、ニュートリノがどれくらい混じり合っている

か、を表わす量で、前から順に、それぞれ「電子ニュートリノとミューニュートリノの混合」「ミューニュートリノとタウニュートリノの混合」「電子ニュートリノとタウニュートリノの混合」を表わしています。δについては、第5章でお話しします。

この式は複雑過ぎますので、ここでは、単純にするために、ミューニュートリノとタウニュートリノ、2種類のニュートリノの間の混合について考えてみましょう。そのもとになるニュートリノ成分は、ν_1・ν_2の2つだけとします。すると、

$$\begin{bmatrix} \nu_\mu \\ \nu_\tau \end{bmatrix} = \begin{bmatrix} \cos\theta & -\sin\theta \\ \sin\theta & \cos\theta \end{bmatrix} \begin{bmatrix} \nu_1 \\ \nu_2 \end{bmatrix}$$

というふうに、実にすっきりとした形となります。混合はミューニュートリノとタウニュートリノの間の1通りだけですので、混合角もθの1つだけです。行列式が苦手な人は、これを数式に直してみましょう。

$$\nu_\mu = \nu_1 \cos\theta - \nu_2 \sin\theta$$
$$\nu_\tau = \nu_1 \sin\theta + \nu_2 \cos\theta$$

では、この式の意味を考えてみます。

ニュートリノの混合角

ところで皆さんは、絵画はお好きでしょうか。音楽の話が出てきましたので、次は絵画の話をしてみましょう。僕には全く絵心がなく、デッサンが狂いまくった汚い絵しか描けないのですが、しかし他人の描いた美しい絵画を鑑賞することは人並みに好きです。初めてルーブル美術館に行ったときは、僕のような芸術から程遠い人間でもネット画像で見たことのある超有名作品、人類の宝とも言うべき作品が、数え切れないほど展示してあって、間近で自由に鑑賞することができる上に、撮影も自由という実に大らかな対応で、大変興奮しました。「我々は人類を代表してこの宝を預かっている、だからこのように全くオープンにして公開する」とでも言わんばかりの態度には、感心するばかりです。他のところをdisるつもりはありませんが、どこかの国では、撮影禁止が標準的だったり限定的にしか公開されなかったりすることが多く、残念に思います。これは所有者の考え方の違いで、他人にも見せて共有したいと考える人と、自分だけで楽しめればそれでよいと考える人がいるということでしょう。

図47を御覧ください。ここに、直交する座標に住むμ《ミュー》さんとτ《タウ》さんがいるとします。彼等の趣味は絵画で（優雅でいいですね！）、その御手本にすべき絵画をそれぞれ所有していて、μさんは人物画（ν_1）、τさんは風景画（ν_2）を持っています。もしお互いにコミュニケイションが全く取れておらず、自分の所有している御手本の絵画を自分だけで独占して鑑賞しているならば（上の図）、絵画というものは真横からは見えないので、相手の絵画を見ることができず、μさんは人物画しか描けず、τさんは風景画しか描けないでしょう。

ところが、人物だけ、風景だけ、という絵画は、ちょっと物足りないものです。そこで、μさんとτさんはコミュニケイションを取り、お互いに少しだけ譲歩して、絵画を傾けることにしました（下の図）。

図47　混合角と重ね合わせ

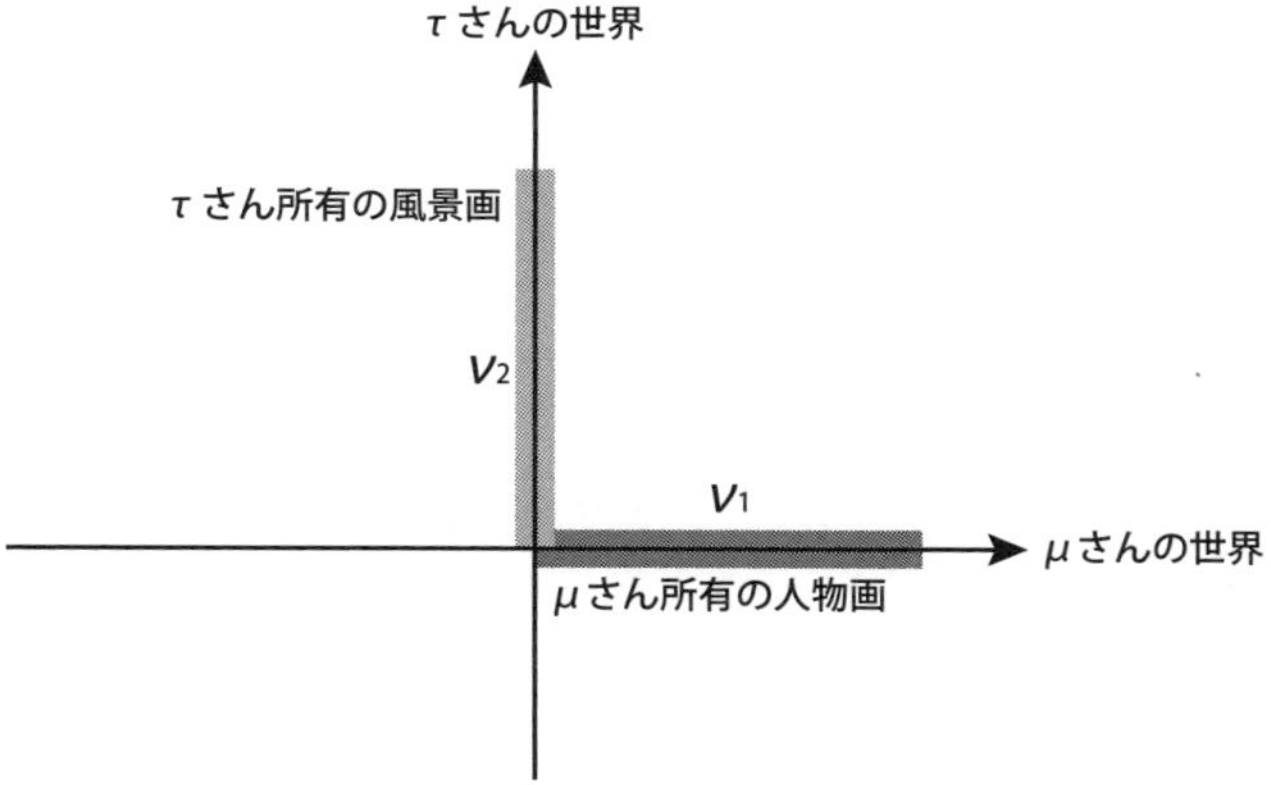

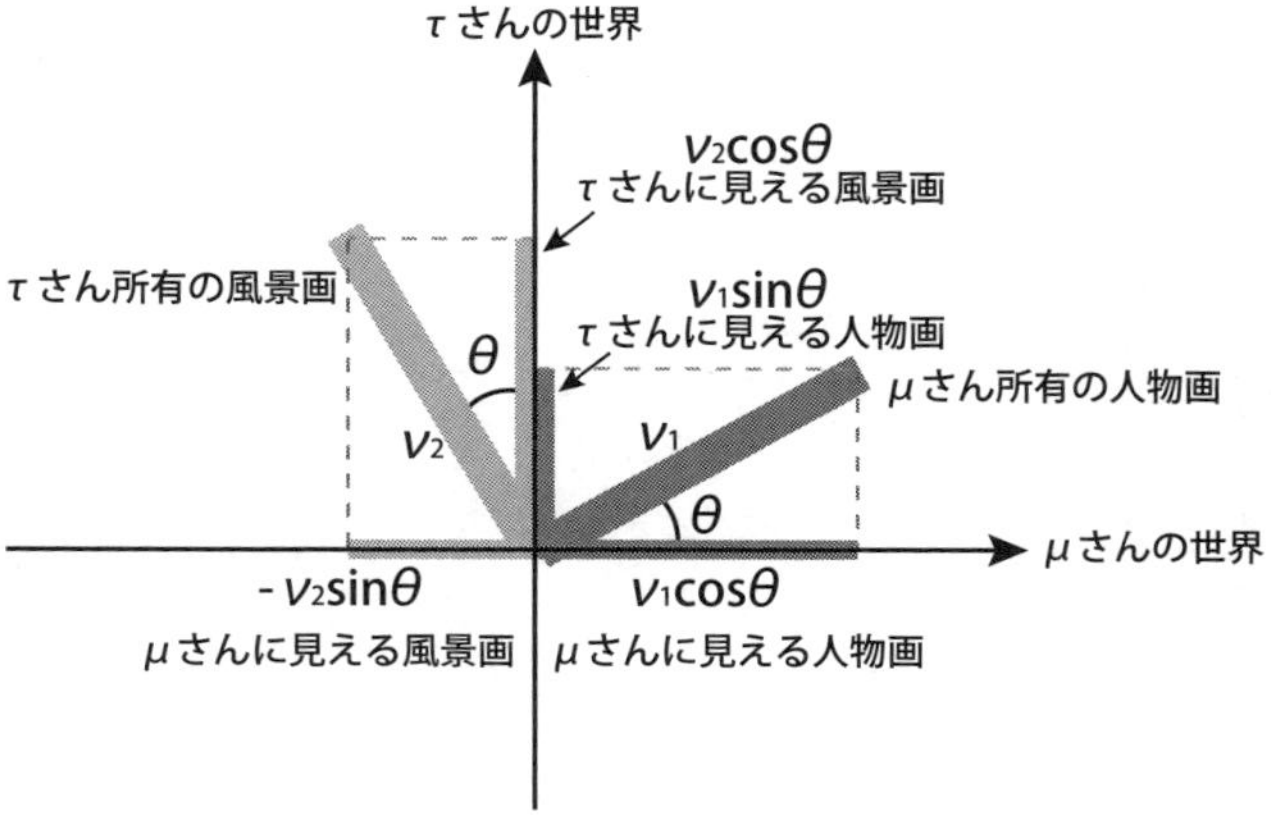

このとき傾ける角度がθです。そうすると、相手が所有する絵画が、少しずつ見えるようになりました。但し、自分の所有する絵画も傾いているために、ちょっと見辛いですが。それでも、お互いに譲歩したお蔭で、どちらも斜めからではありますが、μさんにも、τさんにも、人物画も風景画も両方の御手本を見ることが可能になり、風景の中に人物が溶け込んだ、活き活きとした絵画を描くことができるでしょう。

人物画と風景画を足し合わせて絵画を描く際に、「斜めから見ている」という要素を加えると、μさんが描く絵画は、人物画（$v_1 \cos\theta$）＋風景画（$-v_2 \sin\theta$）となり、τさんが描く絵画は、人物画（$v_1 \sin\theta$）＋風景画（$v_2 \cos\theta$）となります。そして、再び、この式を御覧ください。

$$v_\mu = v_1 \cos\theta - v_2 \sin\theta$$
$$v_\tau = v_1 \sin\theta + v_2 \cos\theta$$

このようにして、どれだけ相手に譲歩するか、相手とどれだけコミュニケイションを取れるか、を表わした混合角θを大きく取れば取るほど、つまり絵画を傾ければ傾けるほど、相手の所有する絵画が見易くなって、相手の絵画を自分に取り込む——相手と混じり合う度合が大きくなるのです。

かなり強引ではありましたが、混合角のニュアンスは伝わったでしょうか。

2種類のニュートリノの混合だと、このように簡単に記述でき、何だか猫の本当の気持ちも少し理解できたような気にもなりますが、実際は3種類の混合なので、3軸混合で混合角も立体的になり、途端に難しくなります。先程御紹介した3種類混合のPMNS行列は、一気に複雑になっていましたね。2次元キャラの性格は単純に描かれていて扱い易そうですが、現実の3次元キャラの心の中は複雑で取り扱い注意なのです。3次元相手に疲れて2次元に走る人の気持ちがわからないでもないですね。

ニュートリノ振動とうなり

ニュートリノ振動が起こるもうひとつの条件は、この元になったν_1・ν_2・ν_3の波の波長が、それぞれ異なっている、ということです。それがどのような効果を生むのでしょうか。ここでも、単純化するために、ミューニュートリノとタウニュートリノの2種類のニュートリノの混合（2つの波の重なり）で考えてみましょう。

元の2つの波（ν_1・ν_2）の成分が同じ波長の場合、つまり、同じ波長の波を重ね合わせた場合は、波は、振幅が大きくなるだけで、単調な波のままです（図48❶）。

一方、異なる波長の波を重ね合わせた場合には、波は、周期的な変化、「うなり」を生ずるのです（図48❷）。そして、この周期的な変化が、我々が目にする、ニュートリノの種類の変化に他なりません。この場合、例えば一番うなっているところ（山）をミューニュートリノ、一番うなりのちぃさなところ（谷）をタウニュートリノとすると、時間と共にミューニュートリノからタウニュートリノへと変化し、そしてまたミューニュートリノへ戻り、またタウニュートリノへと変化し……ということが、周期的に起こるのです。

この周期的な変化こそが、ニュートリノ「振動」と呼ばれる所以なのです。

では、うなりの山と谷の間ではどうなっているかというと、その中間地点に検出器を置いて観測した場合、一部がミューニュートリノ、一部がタウニュートリノとして観測されます。先程のスーパーカミオカンデでの観測例で、1300kmの距離を飛行した180個のニュートリノのうち、90個がミューニュートリノ、90個がタウニュートリノとして観測された、というように。うなりの山の近くで観測すればミューニュートリノが多くなるでしょうし、谷の近くで観測すればタウニュートリノが多くなるでしょう。実際の姿は白

図48　波の重ね合わせ

❶同じ波長の波が重なった場合

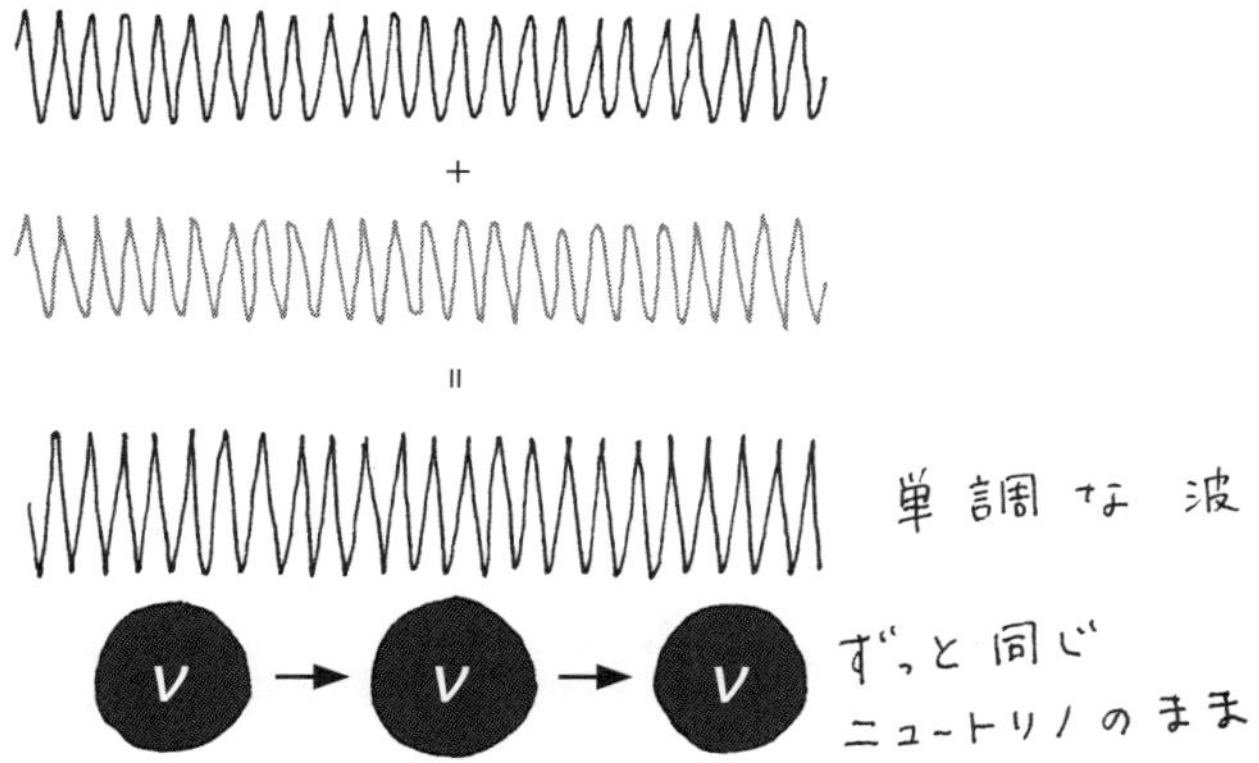

❷異なる波長の波が重なった場合

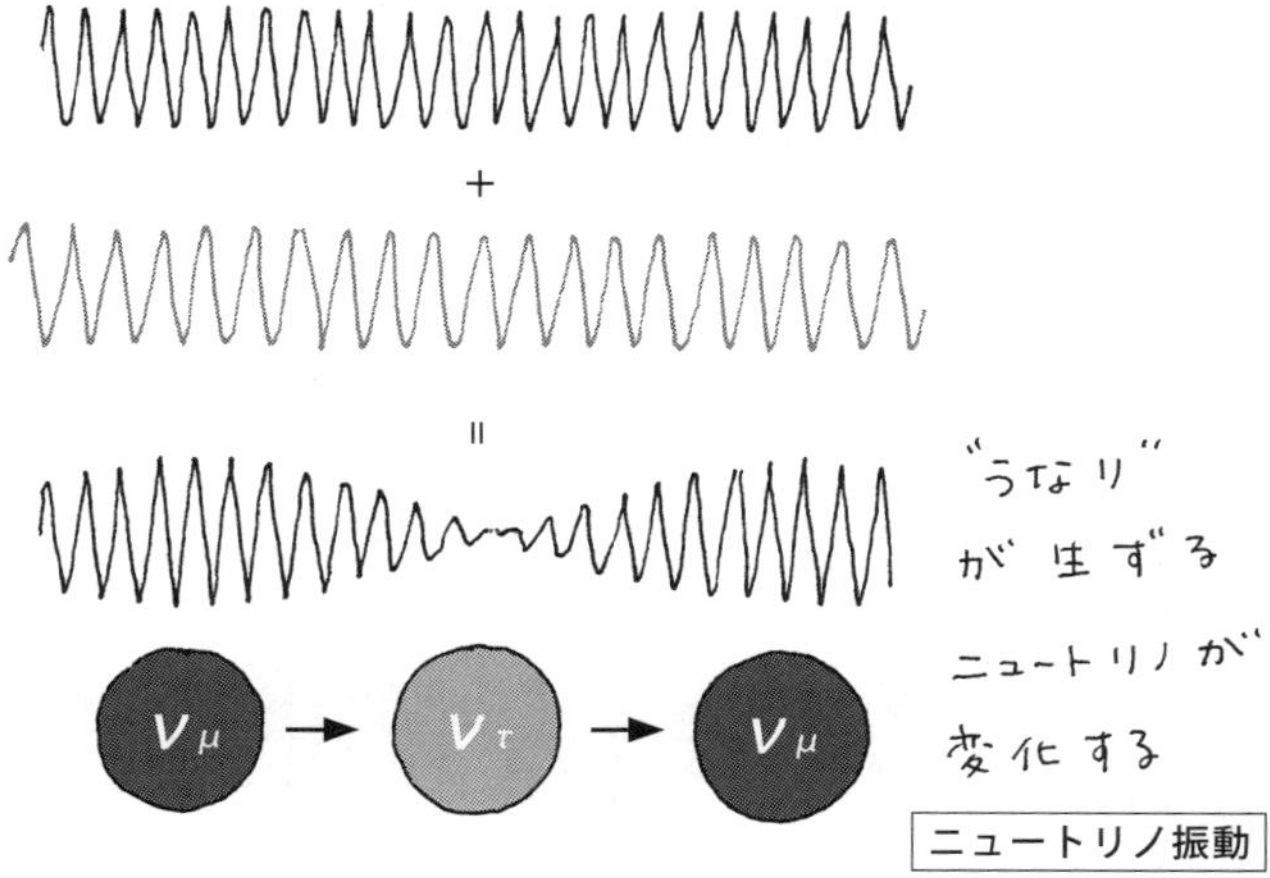

図49　ニュートリノ振動

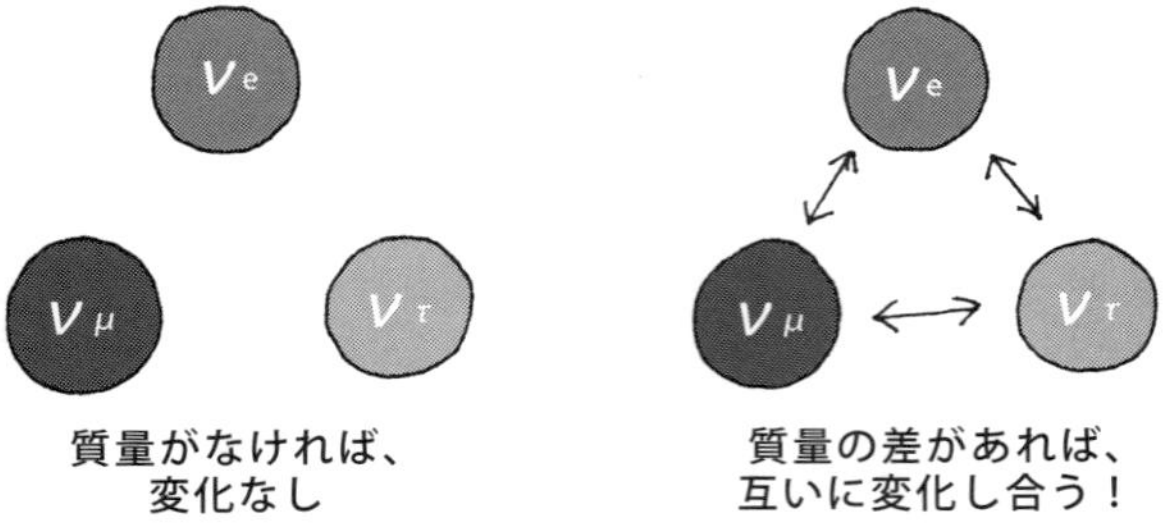
νe
νμ
ντ
質量がなければ、
変化なし
νe
νμ
ντ
質量の差があれば、
互いに変化し合う！

猫（ミューニュートリノ）と黒猫（タウニュートリノ）のどちらかしか目にすることはありませんが、その箱の中の真の姿（うなっている重ね合わされた波）がどういう性格の持ち主なのか（元々どういう波がどの割合で重ね合わされたのか）を解析できれば、どのタイミングで箱を開ければ（観測すれば）どういう確率で白猫（ミューニュートリノ）を見ることができるのか、を予測できるのです。

ところで、物理学的には、この波の波長（正確にはその逆数の周波数）は、エネルギー（あるいは質量）を表わしています。そして、このニュートリノ振動が起こる条件として、波長が異なっている、つまり波長に差があることが求められるため、言い換えれば、それぞれのニュートリノの質量に「差がある」ことを意味しています。差があるのですから、当然ながら、それぞれのニュートリノに質量があることになります。これが、ニュートリノ振動が起きていればニュートリノの質量に差がある、という意味です。

人工ニュートリノの実験

スーパーカミオカンデで、大気ニュートリノが実際にニュートリノ振動を起こしているという証拠を観測したこと、それは世紀の発見でした。ところが、これは天然のニュートリノを用いた観測です。天然のニュートリノは人間が制御してつくり出していないがために、生成されたニュートリノの条件などは、自然の成り行き任せです。日本の大気とブラジルの大気が果たして同じと言えるのでしょうか。ブラジルは情熱の国なので、もしかしたら大気も熱いのかも?——いえいえ、ニュートリノ振動が起こっていることは無論間違いはないのですが、どのように変化しているのか、その振動の様子をより詳細に調べるためには、人工的にニュートリノをつくり出して実験を行うほうがよいのです。生成したニュートリノの条件を人間が制御できるからです。

そこで、我々の研究施設である高エネルギー加速器研究機構の敷地内（本部のある筑波キャンパス）に、人工的にニュートリノをつくり出す実験施設を建設し、そこでつくられたミューニュートリノを２５０㎞離れたスーパーカミオカンデに向けて撃ち込む実験が開始されました。

どこかで聴いた話ですね。そうです、冒頭でお話ししたＴ２Ｋ実験の、前の世代の実験が、筑波と神岡の間で行われたのです。

因みに高エネルギー加速器研究機構は、当時、高エネルギー物理学研究所という名称で、ＫＥＫ、まるでＮＨＫ並みにお恥ずかしいことながら、なんと日本語のローマ字読みの愛称が付いていたのでした。一応、言い訳を申しますと、英語読みで略称をつけると、High Energy～となり、こういう名前の研究所は世界中にありましたので、それらと区別するため、という理由がありました。まぁ、英語のフル表記はHigh Energy Accelerator Research Organizationですし、我々も自分の研究所を日本語で呼ぶときは「高エネ研」と呼ぶのですが。

これも因みに、皆さんが日々いろいろなことに活用しているＷＥＢを、日本で最初に導入したのは、我々高エネ研なのです。このＫＥＫの略称を用いたＵＲＬ、http://www.kek.jpが、日本最初のＵＲＬなのです。

この、筑波の高エネ研から神岡のスーパーカミオカンデまでニュートリノを飛ばす実験は、KEK to Kamiokaということで、K2K実験と呼ばれました。この実験は1999年から2004年まで行われ、見事に大気ニュートリノの現象を再現し、99.998%の確率で、ニュートリノ振動が起こっていることを証明しました。

この人工ニュートリノを用いたニュートリノ振動実験は、大成功を収めたために、アメリカやヨーロッパでも同様の実験が開始され、世界で初めてこれを行った我が日本でも、更に高精度にニュートリノ振動を調べるべく、次の世代の実験が開始されました。それが、冒頭でも御紹介した、T2K実験なのです。

K2KからT2Kへ

大気ニュートリノの観測も、K2K実験も、ミューニュートリノの数が減った、だからニュートリノ振動が起こったのだ、という結論なのであって、実際にミューニュートリノが変化した別のニュートリノを直接検出したわけではありません。タウニュートリノは先程お話ししたとおり、タウオンを生成するのが難しい上に、寿命が29p《ピコ》秒と極めて短いの

図50　人類が初めて捕らえた、ミューニュートリノから変化した電子ニュートリノの信号

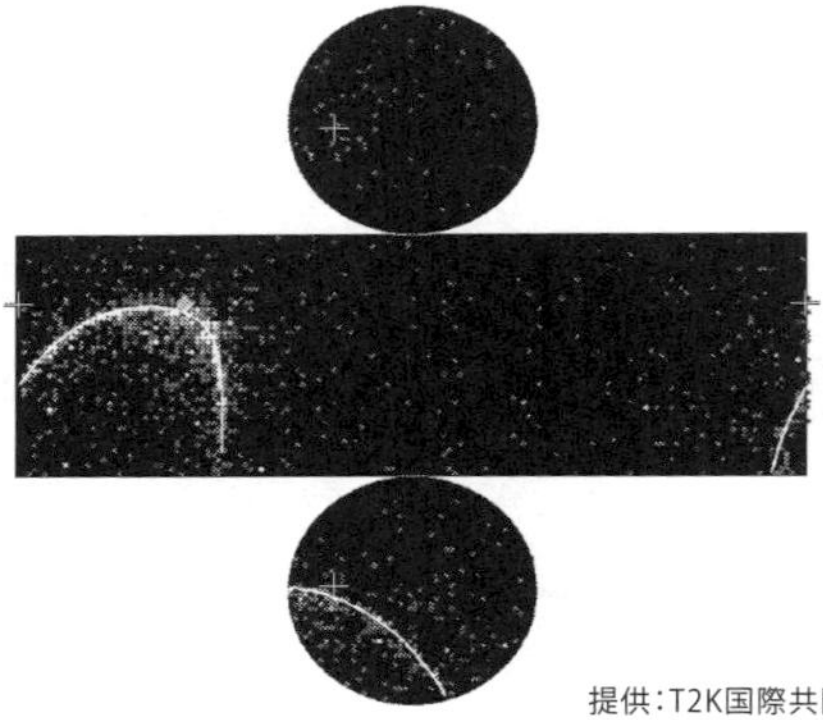

提供：T2K国際共同研究グループ

で、スーパーカミオカンデで検出するのは極めて難しいのです。であれば、残りのもうひとつのニュートリノ、電子ニュートリノへと変化する様子を観測できれば、それはニュートリノ振動の直接の証拠となります。それが、T2K実験の第1段階での目標でした。

「でした」、というのは、T2K実験は、2010年1月から2013年5月までの期間の実験で、ミューニュートリノから電子ニュートリノへの変化という、それまで人類が誰も見たことがなかった現象を、世界で初めて発見するという快挙を成し遂げ、大成功のうちに実験の第1段階を終えたからです。

図50は、2010年5月10日に、この実験で最初に観測された、つまり人類が初めて観測し

た、ミューニュートリノから変化した電子ニュートリノの信号です。

そして、２０１４年から、Ｔ２Ｋ実験は、第２段階の実験を開始しました。それは、この宇宙に於ける、究極とも言える謎への挑戦なのです。

第5章
究極の謎への挑戦

物質の起源

本章のタイトルを御覧になられて、皆さんはどのようなことを思い浮かべられたでしょうか。

あるいは、皆さんに取っての最大の謎とは、どのようなことでしょうか。

「我々はなぜ存在しているのか」という問い掛けは、哲学的にも究極的なものなのかもしれませんが、物理学的にも、究極的と言えるものなのです。

第2章でお話ししたことを思い出してください。物質と反物質は、必ずペアで生成されるのでしたね。それ故、「対生成」と呼ばれているのでした。我々自身をはじめ、宇宙には多くの物質が存在していますが、それらがつくられたときには、同時に反物質もつくられているわけですから、物質と同じ量の反物質が存在しないといけないわけです。ところが、我々の周囲には反物質はほとんど存在していません。それなりの量が存在しているならば、そこかしこで我々物質と反応して対消滅が起こり、対消滅で生まれるエネルギーは膨大なものだとお話ししたとおりですから、その反応を常に感じているはずです。

物質から離れたところ、例えば宇宙空間などではどうかというと、これまでの多くの観測結果から、それなりの量がまとまって存在していることもないであろう、と推測されます。この宇宙には、宇宙線の衝突や核融合などの反応や、我々人類が人工的につくるものを除いては、反物質はほとんど存在しないのです。物質が最初から大量に存在しているのとは対照的です。このような物質と反物質のアンバランスな存在の仕方は、対生成という物質のつくられ方から考えると、明らかにおかしいのです。

現在の宇宙に於いて、物質の量がいったいどれくらいなのかは、様々な観測や宇宙創生期のシミュレイション等から推測されています。宇宙は、我々の地球のように極端に物質が集中しているところがある一方で、銀河と銀河の間のようにほとんど何もないスカスカの空間まで様々で、物質の詰まり具合には非常に斑《むら》があるのですが、それらを全て均《なら》して、宇宙の平均密度なるものを計算した場合、1 m^3当たりに、物質（電子や陽子のような粒子）は1個程度しかありません。本当にすかすかです。

一方、同じく光（電磁波）の量も推計されていて、それもやはり平均化すると、1 m^3あたりに、10億個ほどになります。太陽の近辺に暮らしている我々に取っては相当少ない量

図51　宇宙の粒子密度

全宇宙の星（物質）を砕いて均して、1㎥切り取ったら…

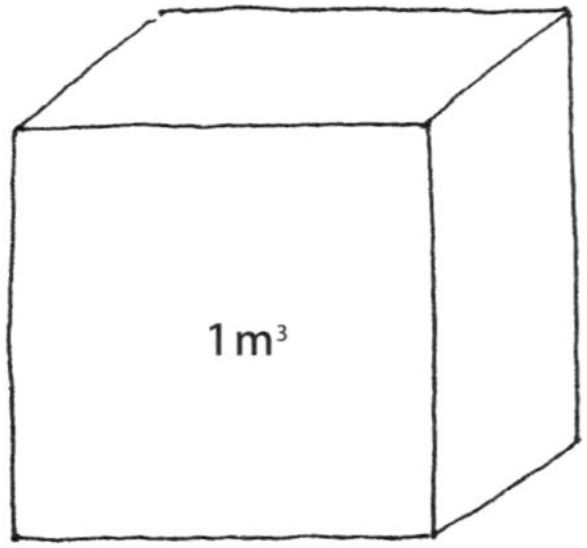

で、宇宙はほとんど真っ暗だと言えますが、それでも、物質に比べると10億倍もの量が存在していることになります。これらの光の大部分は、恒星の活動でつくられたものではなく、物質がつくられたのと同じ宇宙創生期につくられたものなのです（図51）。

ここで、宇宙創生期にいったい何が起こっていたのかを考えてみましょう。

宇宙はかつてある一点に集まっていた状態から始まり、次第に膨張していくことで進化してきたことが知られています。現在も、我々の宇宙は膨張を続けています。エネルギー保存則から宇宙の全エネルギーは保存されていますから、空間が広がった分だけ、エネルギー密度は減少

図52　宇宙年表

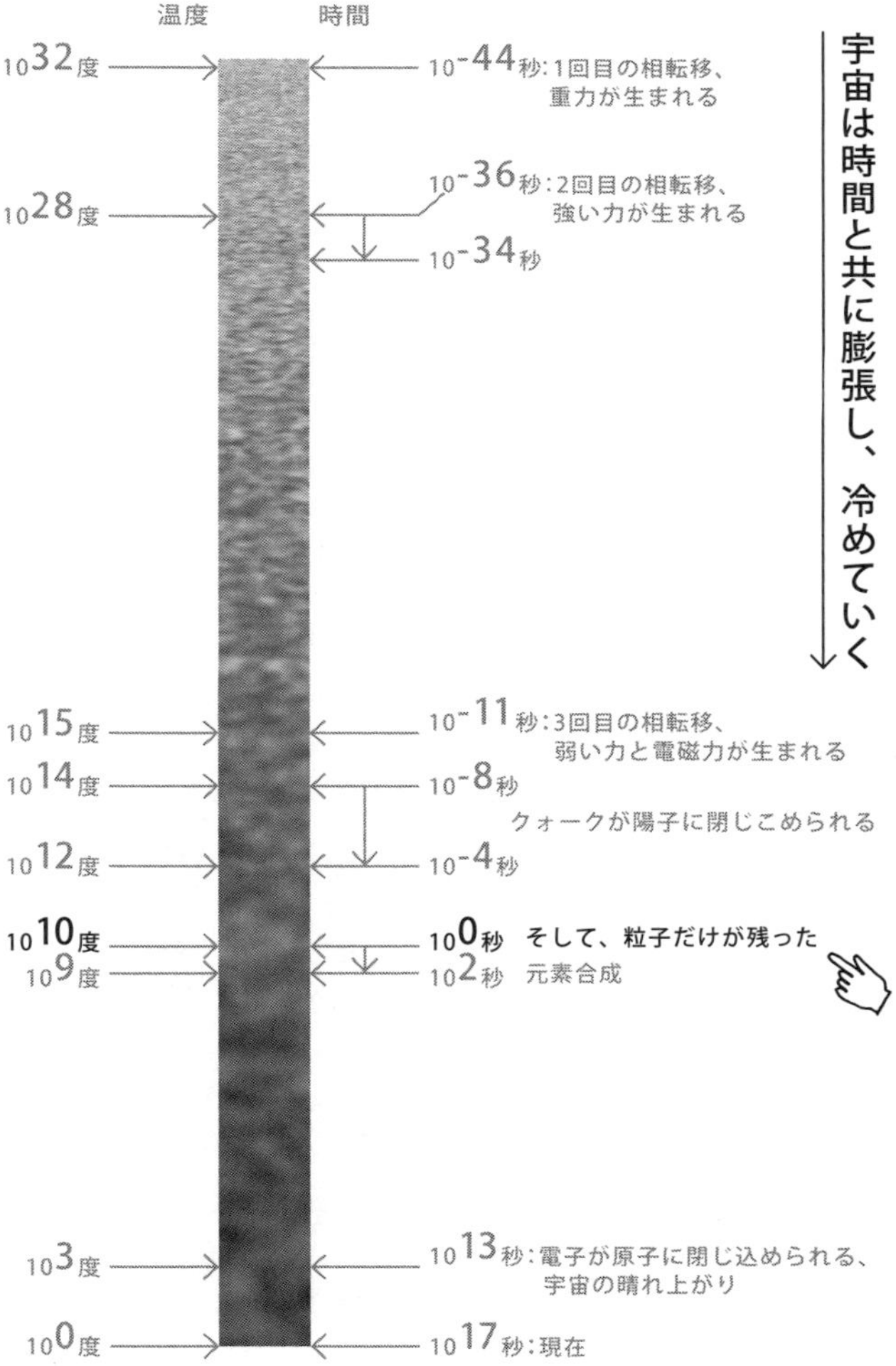
温度
時間
10^{32}度
10^{-44}秒：1回目の相転移、重力が生まれる
10^{28}度
10^{-36}秒：2回目の相転移、強い力が生まれる
10^{-34}秒
宇宙は時間と共に膨張し、冷めていく
10^{15}度
10^{-11}秒：3回目の相転移、弱い力と電磁力が生まれる
10^{14}度
10^{-8}秒
クォークが陽子に閉じこめられる
10^{12}度
10^{-4}秒
10^{10}度
10^{0}秒　そして、粒子だけが残った
10^{9}度
10^{2}秒　元素合成
10^{3}度
10^{13}秒：電子が原子に閉じ込められる、宇宙の晴れ上がり
10^{0}度
10^{17}秒：現在

します。このエネルギー密度が温度を表わしますから、宇宙は膨張と共に冷めていくのです。この辺りのことは、拙著『宇宙のはじまり』並びに『すごい宇宙講義』に詳しく記述致しましたので、是非そちらを御覧ください。

ここでは、別の観点から、エネルギー密度が下がっていく様子を見てみましょう。

例えば、光が存在するある空間が膨張することを考えると、存在しているその空間が膨張するのですから、それに伴って光が引き伸ばされてしまうと考えることもできるわけです(図53)。引き伸ばされると何が起こるのかというと、波長が長くなってしまいます。第4章(144ページ)で、波長の逆数がエネルギーを表わしているとお話ししましたが、エネルギーはまさに波長に反比例しますので、この引き伸ばされた光は、その分だけエネルギーが下がってしまっているのです。

このように宇宙の膨張に伴い——言い換えれば、時間経過に伴い、光のエネルギーが下がっていくことは、何を意味しているのでしょうか。

どの粒子でも同じなのですが、ここでは、電子について考えてみましょう。

図53　宇宙の膨張

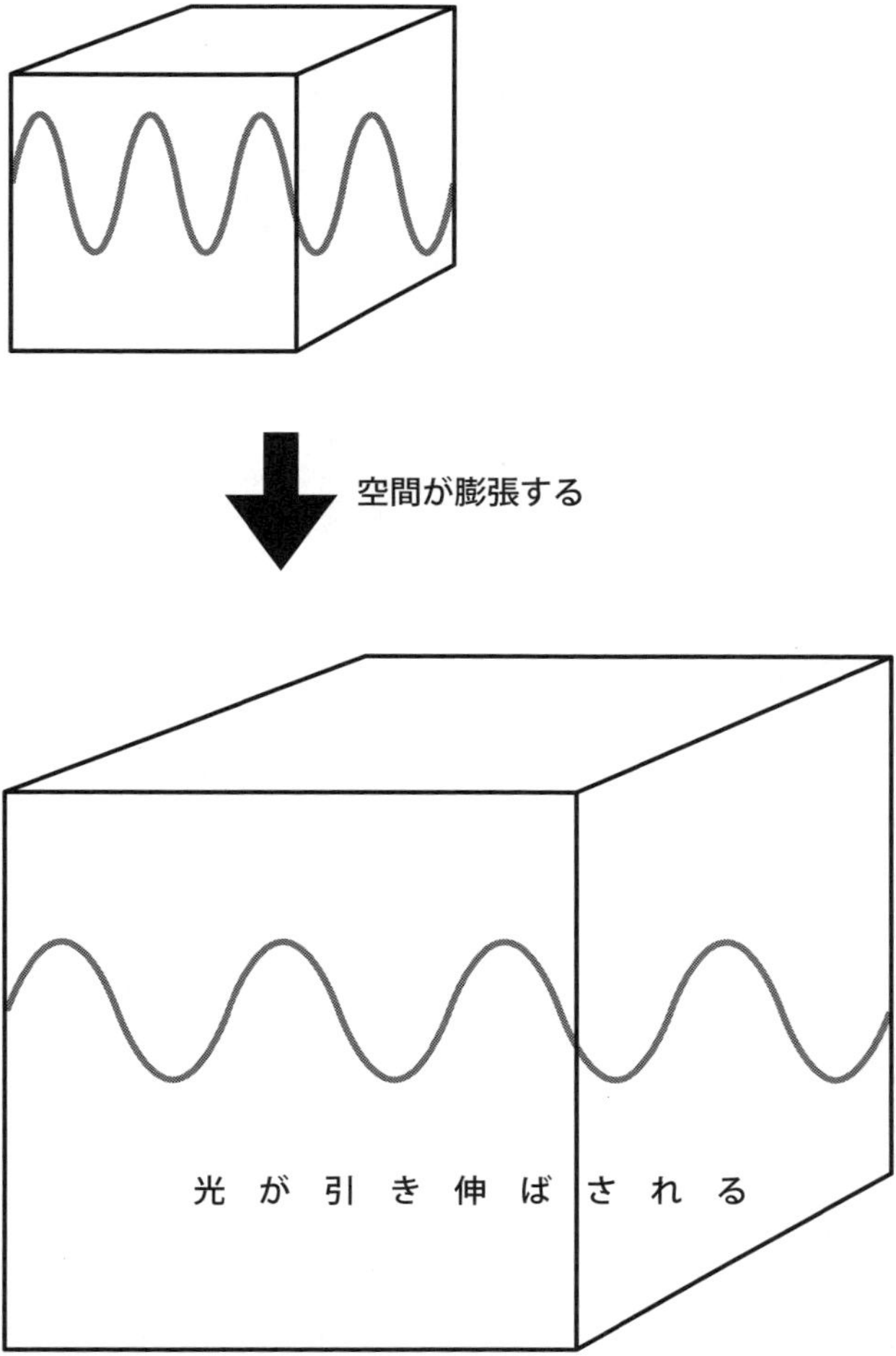

第2章でお話ししたとおり、電子と陽電子のペアを生成するには、少なくとも1MeVのエネルギーが必要です。電子レンジでこれをつくり出すのは大変なのですが、宇宙の初期は、空間がとてもちいさい、現在から見れば押し縮められた状態でしたので、光の波長はとても短く、そのエネルギーは1MeVよりもはるかに高かったので、至る所で電子・陽電子のペアがつくられていました。文字通りの「電子」レンジ状態だったわけです。

空間が押し縮められて極めて狭い状態ですから、電子と陽電子はすぐに衝突して、対消滅を起こし、また光に戻ります。しかしその光のエネルギーは依然として高いままですから、またその光から電子・陽電子のペアがつくられます。

ところが、この現象が起きているのと同時に、宇宙は膨張し、空間は広がっていっているわけですから、出来上がった光は、どんどんと引き伸ばされていっている――どんどんエネルギーが下がっていっているわけです。そして、ある時点で、そのエネルギーが1MeV以下にまで下がってしまったら――その光から電子・陽電子のペアは生成されず、対生成は打ち止めです（図54）。その後は、対消滅によって、電子・陽電子のペアが次々に消えていくのみです。この現象が起きるのが、宇宙誕生から1秒後、宇宙が100億（10^{10}）度のときです（図52☞）。

図54　物質の生成

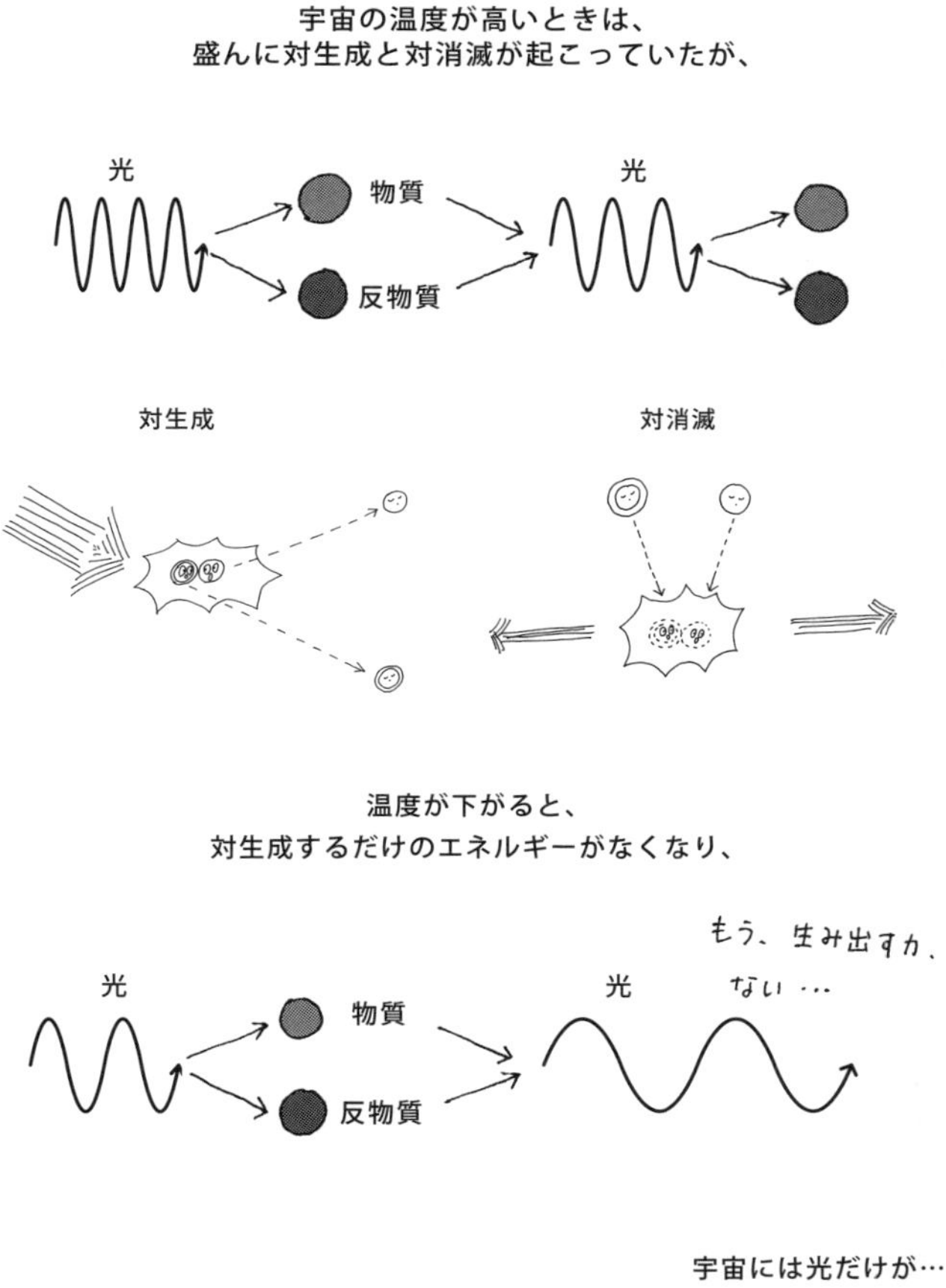
宇宙の温度が高いときは、
盛んに対生成と対消滅が起こっていたが、
光
物質
反物質
光
対生成
対消滅
温度が下がると、
対生成するだけのエネルギーがなくなり、
もう、生み出す力、ない…
光
物質
反物質
光
宇宙には光だけが…

考え易いように、仮に、この時点で残った電子と陽電子のペアが8組だったとしましょう。すると、これらは8組のカップル（光）となって消滅していきます。ゴールイン、御結婚おめでとう御座います、といったところです（図55）。

ところがもし電子と陽電子が同数ではない、仮に電子が8個、陽電子が7個だった場合はどうでしょうか。7組のカップルが出来上がり、そして——悲しいかな、電子がひとりあぶれてしまいます。このあぶれ者の電子は、ペアとなる相手がいないために、ゴールイン（対消滅）もできず、その後、ずっと孤独なまま、宇宙で永遠の時を過ごさねばならないのです……

この例だと、光が7個、電子が1個、つまり、光と物質が7：1の割合である宇宙が出来たことになります。実際の宇宙では、光と物質の割合は1000000000：1ですから、ここから類推するに、最後の対消滅が起こる直前には、物質と反物質の割合は、

1,000,000,001：1,000,000,000

だったことになります。つまり、極々僅かな差、たった10億分の1の差ではありますが、物

図55　物質と反物質のペア

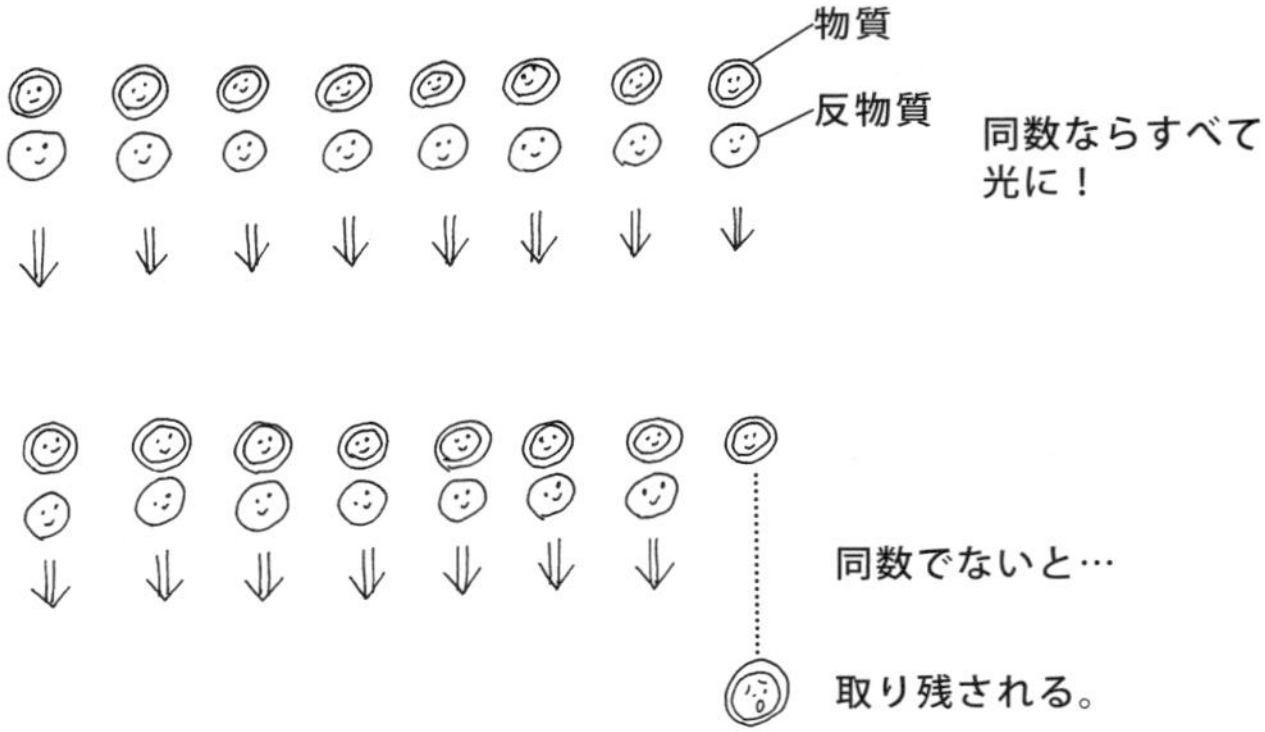

質と反物質は数が違っていた、ということです。7組のカップルに対して1人のあぶれ者であれば、まぁ、何とか辛さを耐えることもできますが、10億のカップルに対して自分ひとりだけあぶれたとなると、もう、これは生きるのが辛いレヴェルではありませんよね——いえいえ、そうではなく、本来全くの同数で生成された物質と反物質、粒子と反粒子が、対生成と対消滅を繰り返し、最後の対消滅を起こす直前には、なぜか、10億分の1の数の差ができてしまった、ということを意味しているのです。なぜこのようなアンバランスが生じてしまったのか——その答えを出すことこそが、「我々はなぜ存在しているのか」という究極の謎に繋がる鍵となるのです。

「元々そういうものだから」という説明でも、できなくはないでしょう。しかし、物理学者というものは、ある現象に対して必ず理由を求めるのです。哲学では黒猫は「そこにいるはずがない」のかもしれませんが、科学では、黒猫は確かに存在しているのです。ですから、猫を探す努力を決して止めてはならないのです。

寿命の違い

この現象を説明する方法はあるのでしょうか。例えば、粒子と反粒子とで、寿命が違えばどうでしょうか。つまり、反粒子のほうが寿命が短いために、対生成・対消滅を繰り返している期間に、反粒子の数が減っていってしまった、という仮説です。

寿命と言っても、その寿命で粒子が一斉に壊れてしまうことを意味しません。粒子が壊れるかどうかなどはあくまで確率的なものです。粒子は猫のように気紛れなのです。そのばらばらに気ままに壊れていく粒子の統計を取り、壊れるまでの時間を平均化したものが、寿命なのです。人間だって、人によって死ぬ時期は様々で、それを平均化して寿命を算出しているだけです。

ところで、皆さんは、日本の男女の人口比率は御存じでしょうか。これは、自分の身の上に直結するだけに、宇宙の物質と反物質とのアンバランスなどよりも、はるかに深刻な問題です。少し古い統計ですが、２０１０年で、男：女は、0.95：1なのだそうです。男のほうが僅かですが少なくて、男の僕としてはほっとしています。

ところが、一方で、日本の男女の出生比率はどうでしょうか。同じく２０１０年で、男：女は、1.06：1なのだそうです。こちらは男のほうが多いのです。何で男ばかり産むのでしょうね。女の子のほうが可愛いというのに――いえ、そういう話ではなくて、生まれてくる数としては男のほうが多いのに、存在している総数としては女のほうが多くなっているところに注目してください。なぜそのようなことが起こるのかは、明解です。男のほうが寿命が短いからです。このように、生まれたときの数が同じでも（あるいは、逆の比率でも）、寿命が違えば、そこに存在している数が異なってくるのです。

究極の謎、と銘打ちながら、何か、あっと言う間に解決した気がしませんか。しかしそれは気のせいです。寿命の違いで説明しようとした途端に、新たな謎が生まれてしまったのです。それは、「では、なぜ、粒子と反粒子とで、寿命が異なるのか」ということです。

対称性

ここで、第2章を思い出しながら、粒子と反粒子についてもう一度考えてみましょう。粒子と反粒子は双子のようにそっくりでありながら、ある特定の性質だけ、反転していました。

ひとつは、電荷です。この電荷を反転させると、ちょうど全く同じものになる、ということをお話ししました。「貸し付ける」ということと、「借金をする」ということは、立場を入れ替えた（このとき電荷が反転する）だけで、同じことなのだ、という話でした。

そして、粒子と反粒子は、もうひとつ反転させなければならないものがありました。スピンの向きです。スピンには左巻きと右巻きがあって、それが粒子と反粒子で反転しているのでした。

空間的に左右が反転していて対となるものを身の回りで探すと、皆さんの最も身近なものがそれに当たると気付くはずです。手です。左右の手は、皺とかの細かいところは置いておくと、ちょうど左右対称になっていて、向き合わせると尚更そのことが実感できるはずです。この左右の手を使ってお話を進めてもよいのですが、そうすると、本書を持つことができず、この文章が読めないので困ります。

では、例えば右手は本書を手にしたまま、左手だけを使って、この空間的な対称を実感できる方法がないかというと、ちゃんとあるのです。鏡です。鏡を中央に置いて、左手をそれに映し、左手の実像とそれが映った鏡像とを見れば、本書を読みながらでも、空間的な対称を目視しながら考えることができます。実際に、左手の手首を捻って、左回転させてみましょう。すると、鏡像は、右回転するはずです。これが、実像（粒子）と鏡像（反粒子）が空間的に対称になっていることを表現しています。このとき、鏡に映す操作を、パリティ変換（パリティ反転）と呼びます。

粒子と反粒子の関係であることとは、電荷を反転させる変換と、パリティ変換を行った場合に、互いに全く重なること、つまり、この2つが対称に反転している以外は、全く同じである、というのが基本です。この対称性を、電荷（Charge）とパリティ（Parity）のイニシャルを取って、「CP対称性」と呼びます。繰り返しになりますが、CP対称性とは、電荷とパリティを反転させたときに、全く同じものになることで、粒子と反粒子の関係はこの対称性を全く守るものと思われてきました。

図56　パリティ対称性

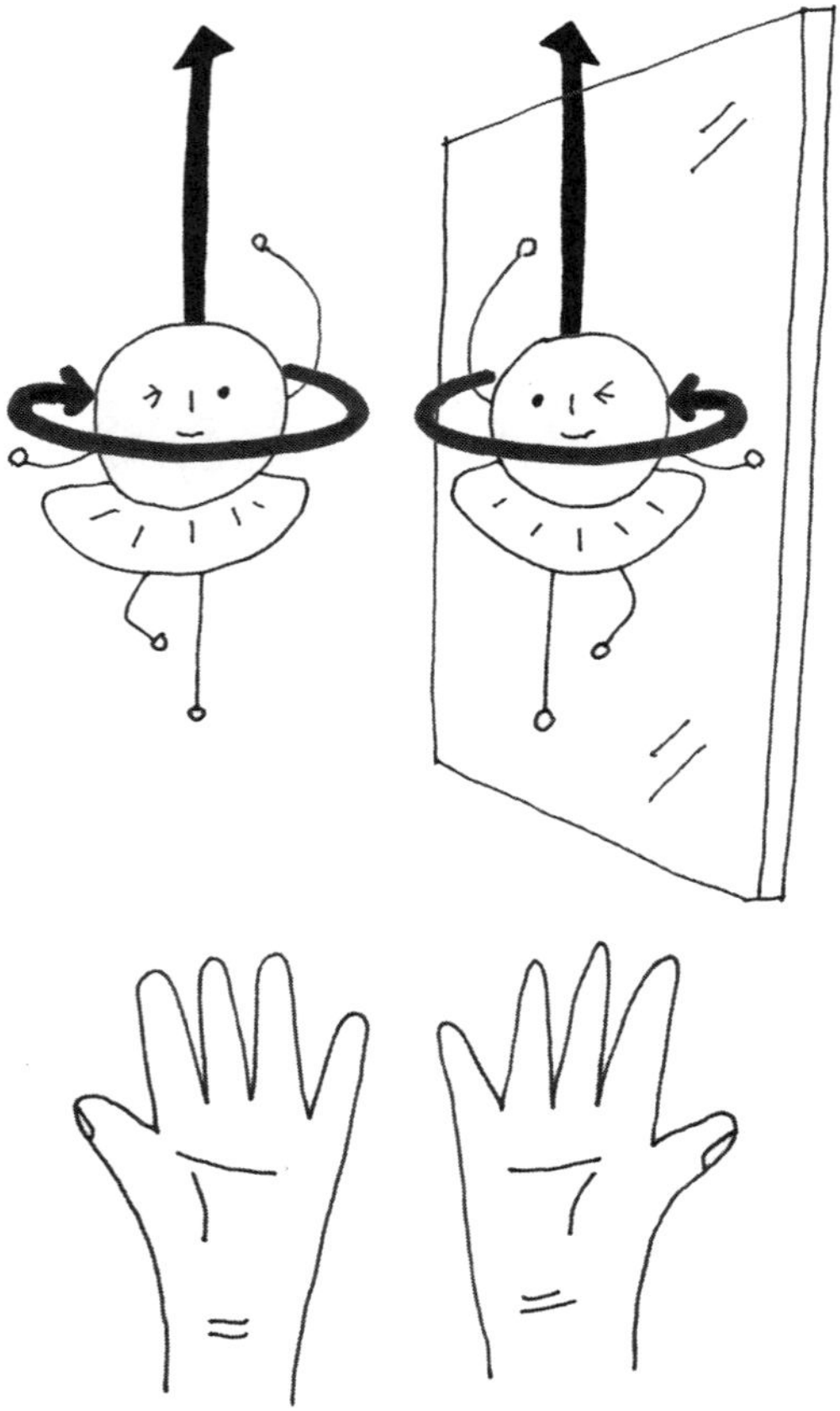

パリティ反転の怪談

またしても別の話題で恐縮ですが、僕は怪談や都市伝説が大好きで、電車の待ち時間など、少しでも時間ができるとそういったものを読んだりします。あれは文章の書き方ひとつで良し悪しが決まってしまうもので、どんな恐ろしいことを扱っていようと、文章が下手だと、全然怖くないですし、興醒めしてしまいますね。

そういう話をぐぐっていると、怖い映像なんかも見つけたりするのですが、僕的に結構来ているなと思ったのは、鏡の前に座った少女の映像です。最初少女はカメラに背を向けていて、少女が動くと、当然ながら鏡の中の少女の姿、鏡像は、パリティ反転した状態で対称に動くのですが、この映像の最後のほうで、少女がカメラ（つまりこちら側）を振り向くと、なぜか鏡像の少女はそれと対称の動きをせず、こちら側をじっと睨み付けたまま、という内容になっています。凝ったつくりの特撮なのですが、もし実際にこんなことが起きれば、ちょっとぞっとしませんか。鏡を見ていたら、自分の鏡像が、突然、対称でない動きをしたとしたら……

先程、寿命の話をしましたが、もしこの鏡像がＣＰ対称性を守らず――「対称性を破る」と言います――、自分とその鏡像とで寿命が違っていたとしたら、ある時点で鏡像のほうが先に死んで、自分は生きているのに、それ以降は自分の姿が一切映らない、なんてことになるかもしれません。これで一本小説が書けそうなくらいの異常事態ですよね――ああ、既に、書かれていましたね。吸血鬼の話で。吸血鬼が鏡に映らないのは、ＣＰ対称性を破っているからかもしれませんね。

このようにＣＰ対称性が破られることは一大事ですので、物理学の標準理論では、この対称性は必ず守られている、ということが大前提でした。ところが、もし本当に粒子と反粒子とで寿命が異なるとすれば、この大前提が崩れ、恐ろしいことに、ある時点から、粒子は鏡に映った自分の姿（反粒子）を見ることができないことになってしまうのです――でも、実際にはまさに我々の宇宙そのものがそうなのですよね。鏡に姿が映らない、鏡像（反粒子）の存在しない、粒子だけの宇宙が。

CP対称性の破れとその理論

CP対称性の破れは、最初は、宇宙の成り立ちとは全く別に、実験によって観測されました。第4章で中間子についてお話ししましたが、その中にK中間子というものがあります。この粒子には、K^-《ケーマイナス》中間子、K^+《ケープラス》中間子（K^-中間子の反粒子）、K^0《ケーゼロ》中間子、反K^0中間子の4種類あり、それぞれ順に、ストレインジクォークと反アップクォーク、反ストレインジクォークとアップクォーク、反ストレインジクォークとダウンクォーク、ストレインジクォークと反ダウンクォークから出来ています。1964年に、このK^0中間子の崩壊を調べる過程で、CP対称性の破れが発見されました。宇宙の成り立ち云々は、言わば状況証拠ですが、実験で直接的に見つかったということは、最早CP対称性が破れていることは、疑いようのない事実となったのです。この現象を発見したジェイムズ・クローニンとヴァル・フィッチは、ノーベル賞を受賞しました。

理論より先に現象から発見されたCP対称性の破れですが、「現実にそうなっているから理由など考えずに受け入れろ」ではなく、物理学が科学であるためには、黒猫の存在、つまりそれを説明する理論は絶対に必要です。従来の理論では説明できない現象が起きたわけですから。重要なのは、この現象以外のことは従来の物理学から完全に説明できているわけなので、それを一気に壊して全く新しい理論体系を構築するのではなく、ほんの少し修正をかけることで、新たに発見されたこの現象をも説明できるようにすることです。

その役目を果たしたのが、２００８年のノーベル物理学賞を小林先生と益川先生にもたらした、小林・益川理論です。この論文は１９７３年に発表されましたが、現在に至るまで、素粒子物理学の論文としては、歴代2位の引用数を誇る偉大な論文です（歴代1位はワインバーグ・サラム理論の論文です）。

素粒子の反応では、基本的に同じ世代間で反応が起こることをお話ししました（表5）。中性子が壊れて陽子と電子と反電子ニュートリノが出来る反応は第1世代の間で完結していますし、ミューニュートリノが中性子と反応する場合でも、出てくる粒子はミューオンです。このように、同じ世代に属する素粒子同士は、容易に反応し合えるのです。人間でも、同じ世代同士だと、話も合うし、コミュニケイションが取り易いですよね。

一方、世代が違うと、ジェネレイションギャップを感じることがあって、なかなか話が合いません。それでも、僅かに、世代を超えて通じる話題もあることでしょう。素粒子の

表5　物質を構成する素粒子

	第1世代	第2世代	第3世代
クォーク	u アップクォーク	c チャームクォーク	t トップクォーク
	d ダウンクォーク	s ストレインジクォーク	b ボトムクォーク
レプトン	e 電子	μ ミューオン	τ タウオン
	ν_e 電子ニュートリノ	ν_μ ミューニュートリノ	ν_τ タウニュートリノ

世界でも、異なる世代間のコミュニケイション——異なる世代間で混じり合うことがあるのです。この世代間の「混合」を扱った理論は、小林・益川理論以前にもありました。小林・益川理論では、この世代間の混合によって、発見されたCP対称性の破れが説明できるのかどうかを考えたのです。

3世代ならうまくいく

K中間子は、第2世代のストレインジクォークと、第1世代のダウンクォークもしくはアップクォークから出来ていますから、この理論の論文の前半では、まず2世代間での混合を考え、CP対称性の破れが起きるかどうかを理論的に検証しています。そして、それがうまく行かない、と結論づけています。そして、論文の後半で、クォークの世代を第3世代（6種類）まで考え、その3世代間で混合が起これば、この対称性の破れが説明できる、ということを記述しています。

これまた例によって全然関係のない話で恐縮なのですが、僕の父は典型的な仕事一徹の昭和の男で、家族とのコミュニケイションを取るのが苦手でした。昔はかなり怖い人で、僕の姉なんかは、幼い頃、父を見ただけで泣いていたそうです。父と姉、2世代間ではコミュニケイションはうまく行っていなかったのです。

ところが、姉が結婚し、子供、即ち父から見れば孫が生まれると、父は中の人が入れ替わったかのように孫を甘やかす典型的な駄目なお祖父ちゃんになってしまいまして、父、姉、孫と、今では驚くほど仲が良いのです。3世代間揃って初めて、みんなのコミュニケイションが円滑になり、世界はうまく回るようになったわけです。素粒子の世界も不思議なことにそうなっているようです。

ＣＫＭ行列

小林・益川理論では、３世代のクォークの混合の程度を表わす行列式として、「ＣＫＭ行列」というものが出て来ます。Ｋが小林先生、Ｍが益川先生のイニシャルですが、Ｃは、小林・益川理論の前にクォークの混合について考えたイタリアの物理学者ニコラ・カビボのイニシャルです。このＣＫＭ行列も、数式が苦手な方のために敢えて書いておきましょう（ここでは、小林・益川理論のオリジナルの論文の表記ではなく、「標準表記」と呼ばれるものを書いておきます）。

$$\begin{bmatrix} \cos\theta_{12}\cos\theta_{13} & \sin\theta_{12}\cos\theta_{13} & \sin\theta_{13}e^{-i\delta} \\ -\sin\theta_{12}\cos\theta_{23}-\cos\theta_{12}\sin\theta_{23}\sin\theta_{13}e^{i\delta} & \cos\theta_{12}\cos\theta_{23}-\sin\theta_{12}\sin\theta_{23}\sin\theta_{13}e^{i\delta} & \sin\theta_{23}\cos\theta_{13} \\ \sin\theta_{12}\sin\theta_{23}-\cos\theta_{12}\cos\theta_{23}\sin\theta_{13}e^{i\delta} & -\cos\theta_{12}\sin\theta_{23}-\sin\theta_{12}\cos\theta_{23}\sin\theta_{13}e^{i\delta} & \cos\theta_{23}\cos\theta_{13} \end{bmatrix}$$

ここでは４つのパラメーターが出てきますが、θ_{12}・θ_{23}・θ_{13}の３つは、それぞれ、第１世代と第２世代の混合、第２世代と第３世代の混合、第１世代と第３世代の混合、の、混合の度合いを表わし、δはＣＰ対称性の破れの度合いを表わします。このδを含む項が、２世代間の混合だけを考えた２行２列の行列には出てこないのです。第１世代と第２世代の

2世代間での混合の行列は、

$$\begin{bmatrix} \cos\theta & \sin\theta \\ -\sin\theta & \cos\theta \end{bmatrix}$$

となります。θはやはり混合の度合いを表わすパラメーターで、2世代間ですので混合の組み合わせは1通りであり、θも1種類になっています。何やら、どこかで聴いたような話ですよね？　それは後程触れるとして、このクォークの混合についてもう少しお話ししましょう。

クォークの世代間の混合

ここで、これまでに出てきた、中性子とミューニュートリノの反応について思い出してみましょう。

$$n + (+\nu_\mu) \rightarrow p + (-\mu)$$

中性子と陽子の違いは、ダウンクォーク1個とアップクォーク1個の違いですから、この反応は、

$$(+d) + (+\nu_\mu) \rightarrow (+u) + (-\mu)$$

と書ける、というお話をしました。ここで、ミューニュートリノ$(+\nu_\mu)$とミューオン$(-\mu)$は同じ世代です。また、ダウンクォーク(+d)とアップクォーク(+u)も同じ世代です。レプトンもクォークも、同じ世代同士で反応が起こっています。

では、K中間子はどうでしょうか。その中の例えばK^+中間子には、幾つかの崩壊のパターンがありまして、そのうちのひとつ、例えば2つのπ^+中間子と1つのπ^-中間子に崩壊する、

$$K^+ \rightarrow \pi^+ + \pi^+ + \pi^-$$

という反応に注目しますと、K^+中間子は反ストレインジクォーク（-s）とアップクォーク（+u）から成り、π^+中間子はアップクォーク（+u）と反ダウンクォーク（-d）から成り、π^-中間子は反アップクォーク（-u）とダウンクォーク（+d）から成りますから、この反応式は、

(-s) + (+u) → (+u) + (-d) + (+u) + (-d) + (-u) + (+d)

と書き換えることができ、右辺のアップクォークと反アップクォーク、ダウンクォークと反ダウンクォークのペアを1組ずつ消滅させると、

(-s) + (+u) → (+u) + (-d)

となり、両辺に同じアップクォークが出て来ていますからこれも両方削除すると、なんと、

(-s) → (-d)

となり、これは、反ストレインジクォーク（第2世代）が反ダウンクォーク（第1世代）に変わるという、世代を超えた反応を起こしているのです（表6）。これは、世代間の混合がなければ起こり得ない反応です。クォークでは世代間の混合が起きている証左でありましょう。

小林・益川理論の衝撃

さて、この小林・益川理論は、発表当時は、驚くべき内容でした。というのも、当時、クォークは、アップ、ダウン、ストレインジの3種類、2世代しか発見されていなかったからです。にも拘わらず、この理論は、更に3種類の新たなクォーク、新たな1つの世代の存在を予言していたからです。このため、当時の物理学者の中には、眉唾物だと考えていた人も多かったのではないでしょうか。

ところが、その後、この理論の予言通りに、1974年にチャームクォーク、1977年にボトムクォーク、1995年にトップクォークが発見され、3世代・6種類のクォークモデルの正しさが証明されました。理論的に新たな粒子の存在が必要不可欠とされ、それから時を経てその粒子が発見される――ニュートリノに関しても全く同じ歴史の歩みを

表6　物質を構成する素粒子

	第1世代	第2世代	第3世代
クォーク	u アップクォーク	c チャームクォーク	t トップクォーク
	d ダウンクォーク	s ストレインジクォーク	b ボトムクォーク
レプトン	e 電子	μ ミューオン	τ タウオン
	νe 電子ニュートリノ	$\nu\mu$ ミューニュートリノ	$\nu\tau$ タウニュートリノ

	第1世代	第2世代	第3世代
反クォーク	$\bar{u}$ 反アップクォーク	$\bar{c}$ 反チャームクォーク	$\bar{t}$ 反トップクォーク
	$\bar{d}$ 反ダウンクォーク	$\bar{s}$ 反ストレインジクォーク	$\bar{b}$ 反ボトムクォーク
反レプトン	$\bar{e}$ 陽電子	$\bar{\mu}$ 反ミューオン	$\bar{\tau}$ 反タウオン
	$\overline{\nu e}$ 反電子ニュートリノ	$\overline{\nu\mu}$ 反ミューニュートリノ	$\overline{\nu\tau}$ 反タウニュートリノ

見ましたが、素粒子物理学の歴史は、まさにこういったことの連続なのです。

そして更には、20世紀終わりから21世紀劈頭にかけて、B中間子という粒子を用いたより詳しいCP対称性の破れの検証実験が行われ、その結果はこの理論が予測するとおりであり、発表から30年の時を経て、ここに、小林・益川理論が完全に正しいことが、実証されたのです。

益川先生は、僕が京都大学の学生であった頃の教授で、僕の大学院時代には、同じ京都大学の基礎物理学研究所の所長をなさっておられました。小林先生は、僕が高エネルギー加速器研究機構の素粒子原子核研究所に着任した際の所長で、僕は小林先生から辞令を手渡していただきました。お二人は、僕が学生だった頃から、いつノーベル賞を取られてもおかしくない方だと言われていました。ところが、実際に先生方がノーベル賞を受賞されたのは、この理論の発表から35年後の２００８年。これだけの時間がかかったのは、科学の世界に於いては、理論が正しいとされるには、実験によって証明されなければならないからです。

再現可能な実験と、その現象を説明する理論。この２つの柱が揃って、初めて、科学的に意味を成すのです。

先のB中間子を用いたCP対称性の破れの実験は、我々の研究所（高エネルギー物理学研究所）と、アメリカのSLAC《スラック》（Stanford Linear Accelerator Center、現SLAC National Accelerator Laboratory）が、それぞれ独自の加速器を用いて行い、熾烈な競争の結果、最終的に高エネ研グループの勝利に終わりました。ですから、この偉大な理論を構築したのも日本人ですし、それを証明したのも、日本の加速器施設（KEKB《ケックビー》）と実験施設（BELLE《ベル》）だったのです。

これは偶然ではありません。理論と実験は常に二人三脚で、優れた理論が生まれるところでは、優れた実験も行われているのです。KEKBとBELLEがSLACに勝利したのも、「小林先生と益川先生にノーベル賞を取らせるのは、我々日本の実験施設でなければならない」という執念があったればこそ、だと思います。

ニュートリノに於けるCP対称性の破れ

このように、クォークに関しては、そのCP対称性の破れを説明し、そして実際の現象も発見することに、人類は見事に成功しました。しかし、物質を構成する素粒子は、クォークだけではありません。レプトンについても同じことを達成しなければ、片手落ちと言うべきでしょう。

小林・益川理論では、クォークについてCP対称性の破れを説明するために、3世代間の混合を導入しました。「世代間での混合」。ここまでお読みいただいた皆さんに取っては、どこかで聴いたような話ですね。そう、第4章でお話ししたニュートリノ振動理論、それこそまさにレプトン（ニュートリノ）での世代間の混合を扱った理論そのものでしたね。つまり、ニュートリノに於いて、CP対称性の破れを説明する理論は、既に出来上がっているのです！

ここで再びニュートリノの混合を示すPMNS行列を見てみましょう。

$$\begin{bmatrix}\nu_e\\ \nu_\mu\\ \nu_\tau\end{bmatrix}=\begin{bmatrix}1 & 0 & 0\\ 0 & \cos\theta_{23} & \sin\theta_{23}\\ 0 & -\sin\theta_{23} & \cos\theta_{23}\end{bmatrix}\begin{bmatrix}\cos\theta_{13} & 0 & \sin\theta_{13}e^{-i\delta}\\ 0 & 1 & 0\\ -\sin\theta_{13}e^{i\delta} & 0 & \cos\theta_{13}\end{bmatrix}\begin{bmatrix}\cos\theta_{12} & \sin\theta_{12} & 0\\ -\sin\theta_{12} & \cos\theta_{12} & 0\\ 0 & 0 & 1\end{bmatrix}\begin{bmatrix}\nu_1\\ \nu_2\\ \nu_3\end{bmatrix}$$

ここに出てくるθ_{12}・θ_{13}・θ_{23}の3つの混合角についてはお話ししたとおりですが、第4章で飛ばしたもうひとつのパラメーター、δ《デルタ》こそが、CP対称性の破れの度合いを示すものなのです。これも何だかどこかで聴いたような話ですよね。

数式が苦手でない方は、このPMNS行列を見たときに既にお気付きかとも思いますが、そうでない方々のために、この行列を整理してみましょう。つまり、3つの行列の積になっているのを、実際に掛け合わせて、1つの行列にしてみます。高校時代の行列の計算を憶えておられる方は、御自分でも計算してみてください。掛け合わせた結果が、こちらです。

$$\begin{bmatrix}\cos\theta_{12}\cos\theta_{13} & \sin\theta_{12}\cos\theta_{13} & \sin\theta_{13}e^{-i\delta}\\ -\sin\theta_{12}\cos\theta_{23}-\cos\theta_{12}\sin\theta_{23}\sin\theta_{13}e^{i\delta} & \cos\theta_{12}\cos\theta_{23}-\sin\theta_{12}\sin\theta_{23}\sin\theta_{13}e^{i\delta} & \sin\theta_{23}\cos\theta_{13}\\ \sin\theta_{12}\sin\theta_{23}-\cos\theta_{12}\cos\theta_{23}\sin\theta_{13}e^{i\delta} & -\cos\theta_{12}\sin\theta_{23}-\sin\theta_{12}\cos\theta_{23}\sin\theta_{13}e^{i\delta} & \cos\theta_{23}\cos\theta_{13}\end{bmatrix}$$

どうでしょうか。先程の、クォークの混合を表わしたＣＫＭ行列と全く同じ形をしていますね。勿論、θ_{12}・θ_{13}・θ_{23}・δといった各パラメーターの値は、クォークとニュートリノとで異なりますが、形は全く同じです。このことが、クォークとニュートリノとでそれぞれ世代間の混合を説明した、小林・益川理論とニュートリノ振動理論とが、対称になっている、ということを如実に顕わしています。

究極の謎に挑む実験

理論があるのであれば、それを証明する実験が必要です。このニュートリノに於けるＣＰ対称性の破れを発見するための実験こそが、第４章の最後に述べた、Ｔ２Ｋ実験の第２段階の目標——最終目標なのです。

具体的には、ミューニュートリノを生成して神岡まで飛ばした場合と、反ミューニュートリノを生成して神岡まで飛ばした場合とで、ニュートリノ振動の様子の違いを見つけ出すのです。そこに有意な違いがあれば、粒子（ニュートリノ）と反粒子（反ニュートリノ）との間に差がある、つまりＣＰ対称性が破れていることを証明したことになるのです。そして、ニュートリノに於いてＣＰ対称性が破れていれば、それは、世紀の大発見となります！　我々はこの第２段階の実験を２０１４年から開始しており、日夜、反ミューニュートリノとミューニュートリノを神岡へと撃ち込んでいるのです。但し、この第２段階の実験では、第１段階よりも１桁多いデータを集めなければなりませんので、長い道程となります。

これだけの重要な実験ですから、当然ながら、ライヴァルがいます。ＢＥＬＬＥ実験にＳＬＡＣがいたように、我々Ｔ２Ｋ実験には、アメリカのフェルミ国立加速器研究所(Fermi National Accelerator Laboratory、ＦＮＡＬ）で行われているＮＯ《ノ》ν《ヴァ》Ａ実験という強力なライヴァルがいます。拙著『すごい実験』の最後でも触れましたが、そちらのほうでは、第１段階、つまり、ミューニュートリノが電子ニュートリノへと変わる姿を捕らえる実験に於けるライヴァルとして登場しました。その第１段階の実験の競争は、２０１３年に、我々の完全なる勝利に終わりました。しかし、次の段階の、一層重要なＣＰ対称性の破れの発見では、我々Ｔ２Ｋ実験に勝利しようと、ＦＮＡＬはこの実験に全力を注いでいるのです。

このニュートリノのＣＰ対称性の破れの発見に関しても、我々Ｔ２Ｋ実験が勝利したとすると、先程の小林・益川理論の検証実験と合わせて、このCP対称性の破れという、「我々はなぜ存在しているのか」という究極の謎に繋がる問題に対して、クォークでも、レプトンでも、理論でも、実験でも、日本のグループが完全に制覇するという、途轍もない偉業を成し遂げたことになるのです。

ここに、絶対に負けられない戦いの火蓋が切られたのです。

おわりに

　僕が高エネルギー加速器研究機構に着任し、ニュートリノグループ（T２Kグループ）に所属したのは、２００４年のことで、その年に行われたコラボレイションミーティング（T２K実験のメンバーが集まる国際会議）にて、梶田先生に初めて御逢いしました。そのとき僕に紹介して下さった高エネ研の先輩は、「梶田先生はいつノーベル賞を取ってもおかしくない人だよ」と仰っていましたが、その人はとても口が巧い人ですので、僕的には、「またまた」という感じだったのですが、それが現実になったのでした。

　読者の皆さんは御存じないかもしれませんが、日本は伝統的に素粒子物理学の分野では世界最高峰に君臨し、特にニュートリノの研究では、常に世界をリードする立場でありました。この研究に於いては、梶田先生の受賞に先立つ２００２年に、小柴先生がノーベル物理学賞を受賞されていますから、ニュートリノ研究で立て続けに受賞している、という印象を持たれている読者の方もおられるのではないでしょうか。

　実は、この御二人の間に、決して忘れてはならない、偉大なニュートリノ研究の物理学者がおられました。戸塚洋二先生です。戸塚先生も「いつノーベル賞を取ってもおかしくない」と言われる業績を残されたのですが、残念なことに2008年に永眠され、そのために受賞はなりませんでした。

戸塚先生は、僕が着任した際の高エネ研の機構長で、僕に初めて声を掛けて下さった際の言葉が、「君は、いつもブーツを履いているな」で、僕は心の中で「金髪でなく、そっちかよ！」と突っ込んだ思い出があります。

本書は、誰よりも、その戸塚先生に捧げたいと思います。

本書を執筆するにあたり、今回は直接御逢いしてまでいろいろ注文をつけさせていただいたにも拘わらず、にこにこしながら何度も描き直しをして下さったイラストレーターの上路ナオ子さん、僕が締め切りを大幅に過ぎて原稿を出してしまったために多大な御迷惑を御掛けした校正の平本さん（ペーパーハウス）とＤＴＰの松井さん、そして何よりも、御子様が生まれて子育てが大変なこのときに、いつもにも増して全然執筆しない僕のせいで途轍もなく大変な思いをさせてしまったにも拘わらず、全力で本書を素晴らしい本に仕上げて下さった、編集の高良さんに、深く、深く感謝致します。

誠に有難う御座いました。

イースト新書Q

Q017

ニュートリノ
もっとも身近《みじか》で、もっとも謎《なぞ》の物質《ぶっしつ》

多田将《ただしょう》

2016年7月20日　初版第1刷発行

イラスト　上路ナオ子
編　集　高良和秀
DTP　松井和彌
発行人　北畠夏影
発行所　株式会社イースト・プレス
東京都千代田区神田神保町2-4-7
久月神田ビル　〒101-0051
Tel.03-5213-4700　fax.03-5213-4701
http://www.eastpress.co.jp/
ブックデザイン　福田和雄（FUKUDA DESIGN）
印刷所　中央精版印刷株式会社

ISBN978-4-7816-8016-3

多田将の本

すごい宇宙講義

宇宙の謎が解き明かされる、物理学の黄金時代、到来！　ブラックホール、ビッグバン、暗黒物質とは何か？　基礎となる理論から最新の実験・観測の方法まで、１００を超えるスライドと共に語り尽くした３時間×４日の一般公開講座〈完全版〉。「ビジュアルを駆使した、物理学者のすごいプレゼンテーション！　宇宙について、ここまでわかりやすく書かれた本は他にない。」成毛眞氏（ＨＯＮＺ代表）

すごい実験
高校生にもわかる
素粒子物理の最前線

この世でもっとも巨大な装置で、この世でもっとも小さな物質をつかまえる――茨城県東海村（Ｊ－ＰＡＲＣ）から５００キロ離れた岐阜県神岡町（スーパーカミオカンデ）に向け素粒子ニュートリノを撃ち込む、物理学史上最大規模の実験「Ｔ２Ｋ」。その仕組みを高校生に向けわかりやすく解説。「この実験が成功すれば、ノーベル賞を取るだろう！　現場の研究者だからこそ語れる、最良の入門書」村山斉氏、推薦。